教科書ガイド

大日本図書版

理科の世界

完全準拠

中学理科

3年

編集発行 文理

この本の使い方

はじめに

この教科書ガイドは，あなたの教科書にぴったりに合わせてつくられた自習書です。

自然科学の研究は，いつも「なぜだろう？」という，そぼくな疑問からはじまります。

教科書では，この「なぜだろう？」を解明する道すじが，いろいろなかたちで解説されています。この本は，教科書の内容にそって，「なぜだろう？」を解決するためのガイドの役目をしてくれます。教科書やこの本を土台にして，自然科学の原理や法則を，自分のものにしてください。

この本の構成

この本には，教科書の構成にしたがって，教科書本文のまとめ，実験・観察の解説，問題の解答と考え方が用意されています。

■**教科書のまとめ**　教科書の内容を，詳しく，わかりやすくまとめてあります。試験対策(たいさく)にも役立ててください。

■**実験・観察などのガイド**　教科書の実験や観察の目的・方法・結果などについて，注意する点や参考などをおりまぜて，ていねいに解説してあります。

■**教科書の問題**　教科書のすべての問題について，解答と考え方をわかりやすくまとめてあります。

すぐに解答を見るのではなく，まずは自分で解いてみてください。それから解答が合っているか確かめるようにしてください。

●**テスト対策問題**　定期テストによく出る問題を扱っています。わからないところは前に戻って確認しましょう。

効果的な使い方

赤フィルターで繰り返す！

①知識を確認する

教科書のまとめ，**実験・観察などのガイド**を読んで重要語句をおさえる！

②理解を深める

教科書の **演習** や **章末問題** にチャレンジ！問題の考え方を理解しよう。

③学習を定着させる

テスト対策問題や**単元末問題**を解いて，学習した内容をおさらいしよう！

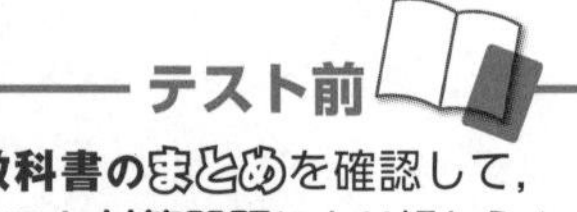

テスト前

教科書のまとめを確認して，**テスト対策問題**にとり組もう！

もくじ

単元 1 運動とエネルギー

単元 2 生命のつながり

もくじ

単元 5
地球と宇宙

1章 天体の動き

2章 月と惑星の運動

3章 宇宙の中の地球

単元 6
地球の明るい未来のために

1章 自然環境と人間

2章 科学技術と人間

終章 これからの私たちのくらし

単元1 運動とエネルギー

1章 力の合成と分解

① 力の合成

テーマ　力の合成　合力

教科書のまとめ

□力の合成（ちからのごうせい）	▶２つの力を，同じはたらきをする１つの力で表すこと。
□合力（ごうりょく）	▶合成してできた力。力の大きさの単位はニュートン（記号N）で表す。 **注意** この本では，100gの物体にはたらく重力の大きさを１Nとする。
□向きが同じ２つの力の合力	▶一直線上にある向きが同じ２つの力の合力の大きさは，２つの力の大きさの和，向きは２つの力と同じになる。 →実験 **参考** 力を合わせて物体を引くとき，２つの力の向きが同じであれば，力を合わせると大きな力になる。
□向きがちがう２つの力の合力	▶向きがちがう２つの力の合力の大きさは，２つの力の大きさの和よりも小さい。 →実験１ ①　２つの力が一直線上で向きが反対の場合…合力の大きさは，２つの力の大きさの差，向きは大きい方の力と同じになる。 ②　２つの力の大きさが同じで向きが反対の場合…２つの力はつり合い，合力は０Nになる。
□合力の求め方	▶一直線上になく，向きがちがう２つの力の合力は，２つの力を表す矢印を２辺とする平行四辺形の対角線で表せる。

実験のガイド

同じ向きにはたらく２つの力

❶ ばねの左側を固定し，右側に５gと20gの２つのおもりをつるして，ばねの伸(の)びを測定する。

❷ ばねの左端を固定したまま，ばねの右側に25gのおもり１つをつるして，ばねの伸びを測定する。

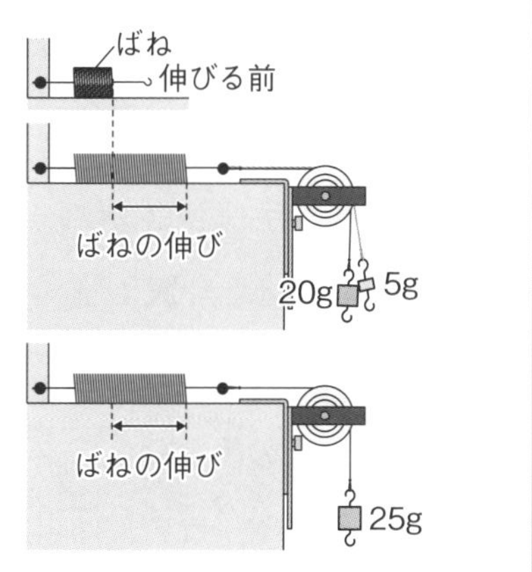

実験のまとめ

・５gと20gの２つのおもりでばねを引いた❶のときのばねの伸びは，25gの１つのおもりでばねを引いた❷のときのばねの伸びと同じになる。

・❶では，５gのおもりは0.05Nの力でばねを引き，20gのおもりは0.2Nの力でばねを引いている。２つのおもりを使って，合計0.25Nの力でばねを引いている。

・❷では，25gのおもりは0.25Nの力でばねを引いている。

→❶でばねを引く２つの力は，❷でばねを引く１つの力と同じはたらきをする。

同じ向きにはたらく２つの力の合力

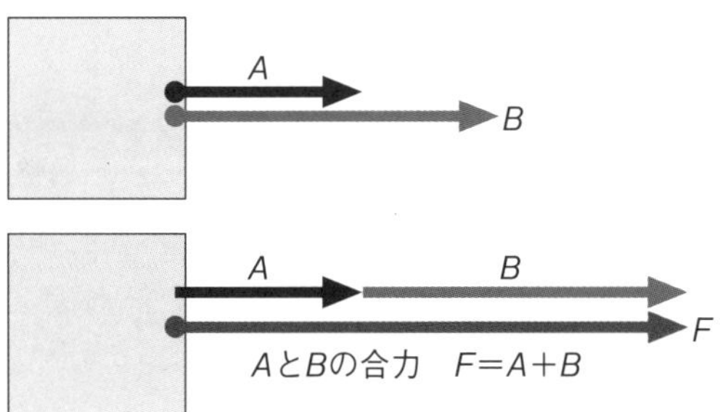

教科書 p.12

実験のガイド

実験1 力の合成

❶ 装置を用意する。
図のように線を引いた紙と，リングに通した輪ゴムを画びょうで板に固定する。⇨1

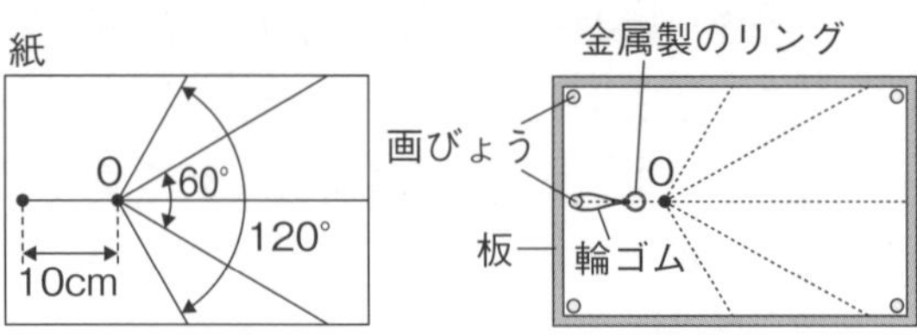

❷ 2つの力の角度を60°にしてばねばかりの値（あたい）を読む。
リングにばねばかりを2つ掛（か）け，角度が60°になるように引く。リングの中心が点Oにくるときの両方のばねばかりの値を読む。⇨2

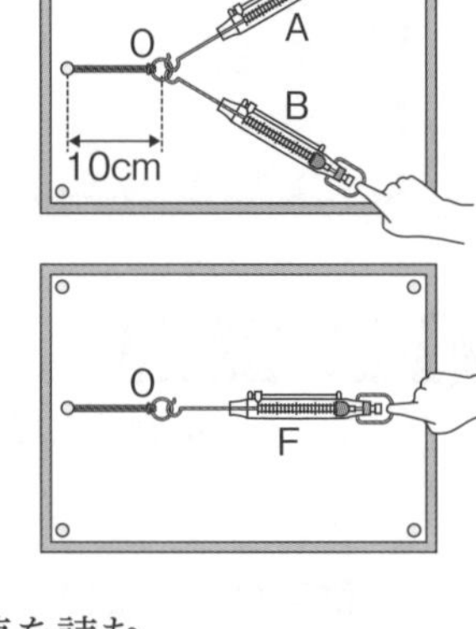

❸ 1つの力で引いたときのばねばかりの値を読む。
リングにばねばかりを1つ掛けて引く。リングの中心が点Oにくるときのばねばかりの値を読む。

❹ 2つの力の角度を変えて，❷と同じようにばねばかりの値を読む。

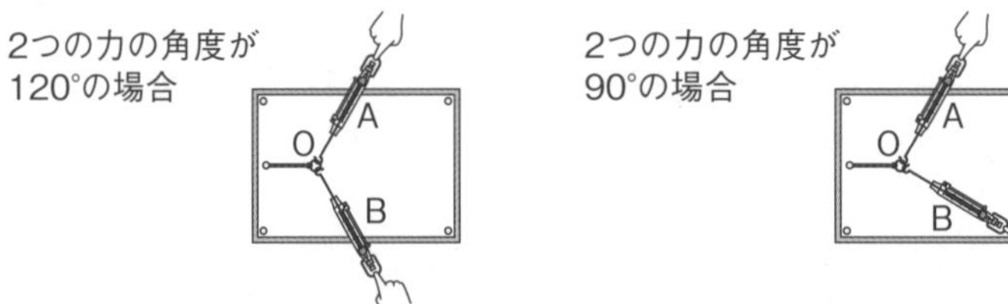

1 コツ 工作用紙を用いるとよい。

2 コツ ばねばかりを水平に使うときは，0点を調整しておく。

実験の結果

1Nの力を何cmの矢印で表すかを決め，点Oから力Aと力B，力Fの矢印をかく。

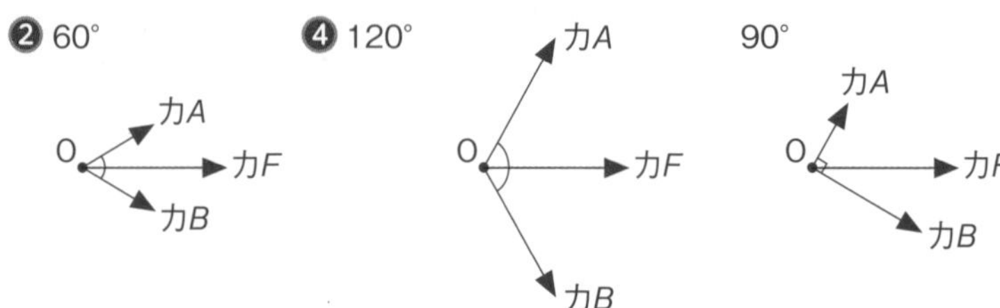

実験のまとめ

・輪ゴムの伸びが同じなので，力Fは，力Aと力Bの２つの力と同じはたらきをしている。つまり，力Fは力Aと力Bの合力であるといえる。

・合力Fの大きさが一定のとき，力Aと力Bの角度が大きくなると，力Aと力Bは大きくなる。

・力Fの矢印の先，力Aの矢印の先，点O，力Bの矢印の先を結ぶと，平行四辺形になる。

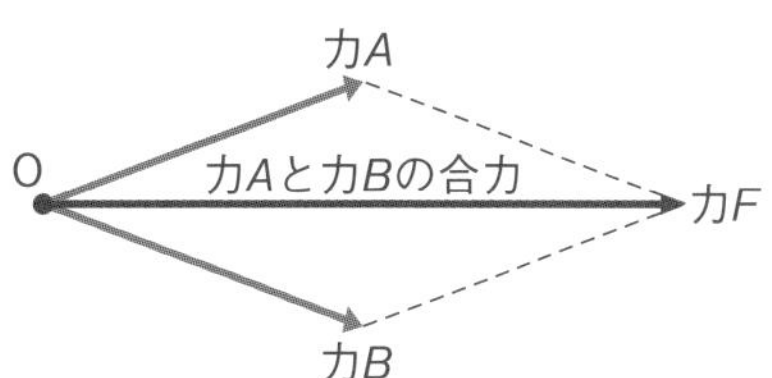

結果から考えよう

①合力の大きさは，２つの力の大きさの合計と比べてどのようになると考えられるか。

→向きがちがう２つの力Aと力Bの合力Fの大きさは，力Aと力Bの大きさの和よりも小さくなる。

②矢印を使って２つの力から合力を求めるには，どのようにすればよいと考えられるか。

→向きがちがう２つの力Aと力Bの合力Fは，力Aと力Bを表す矢印を２辺とする平行四辺形の対角線で求められる。

演習 矢印で表される２つの力の合力を作図によって求めなさい。

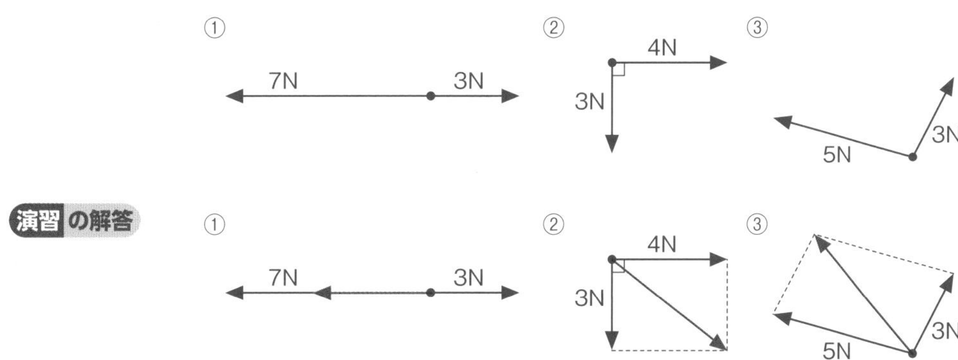

演習の解答

考え方 ①一直線上で向きが反対の２つの力の合力は，大きい方の力と同じ向きに，２つの力の大きさの差の長さに作図した矢印で表せる。
②，③２つの力を表す矢印を２辺とする平行四辺形を作図すると，その対角線が，２つの力の合力を表す矢印になる。

② 力の分解

テーマ　力の分解　分力

教科書のまとめ

□力の分解	▶１つの力を，その力と同じはたらきをする２つの力に分けること。
□分力	▶分解してできた力。
□分力のかき方	▶力Fを分解する向きに直線をかき，力Fを対角線とする平行四辺形を作図して，その２辺を２つの分力とする。
□３つの力のつり合い	▶３つの力がつり合っている場合，２つの力の合力と残りの力はつり合いの関係にある。
□重力の分力	▶斜面上の物体にはたらく重力は，斜面に平行な分力と斜面に垂直な分力に分解できる。 →実験 ①　斜面に平行な分力…斜面に平行な向きに物体を引く力とつり合っている。 ②　斜面に垂直な分力…垂直抗力とつり合っている。

教科書p.18　実験のガイド

斜面に平行な分力を調べる実験

❶　下の図のように，板を使って斜面をつくり，斜面の角度を測定する。
❷　斜面上に台車を置き，台車にはたらいている斜面に平行な分力Aの大きさをばねばかりで調べる。
❸　斜面の角度を変えて，❶，❷と同じ手順で実験する。

斜面の角度　約5°

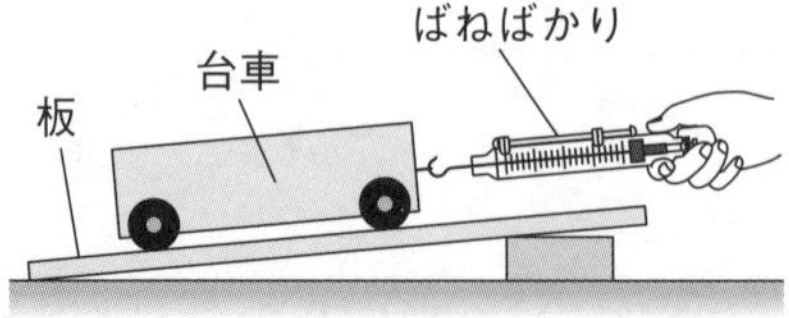

斜面の角度　約15°

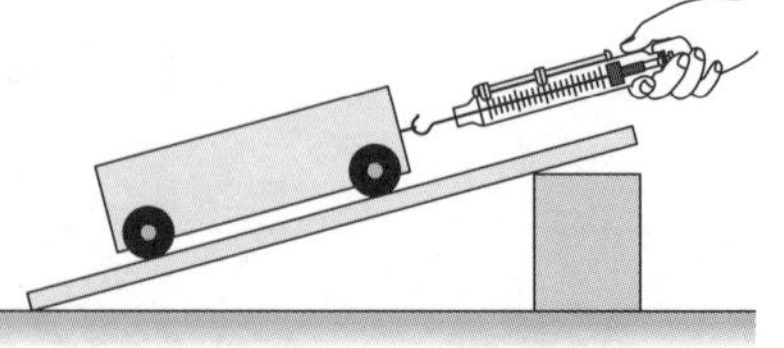

実験の結果

斜面の角度	水平（0°）	小さい(約5°)	大きい(約15°)
斜面に平行な分力の大きさ(ばねばかりの値)	0N	0.42N	1.25N

実験のまとめ

斜面の角度が大きくなるほど，斜面に平行な分力Aは大きくなり，斜面に垂直な分力Bは小さくなる。

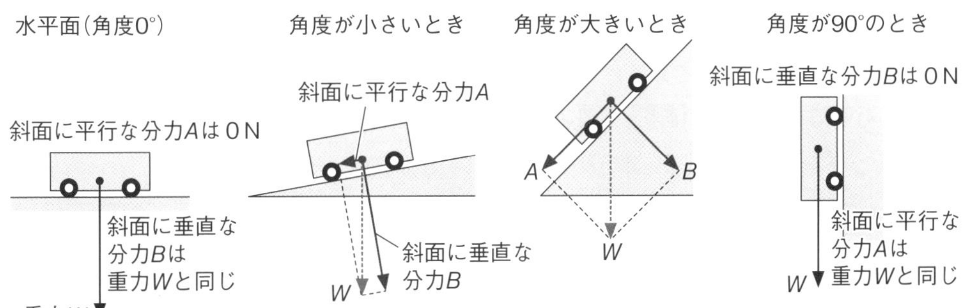

教科書 p.19

演習 それぞれの力を，点線の向きに２つの力に分解しなさい。

①
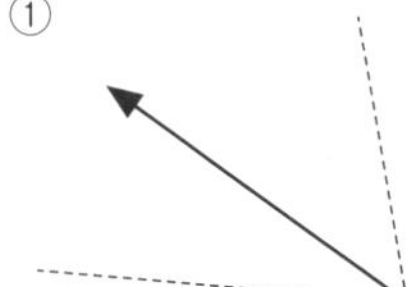

②
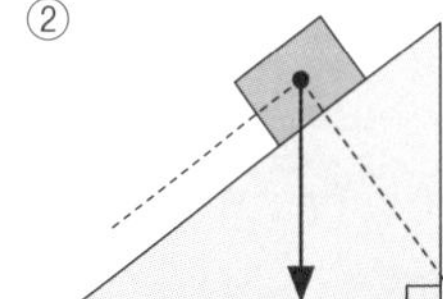

演習の解答

①
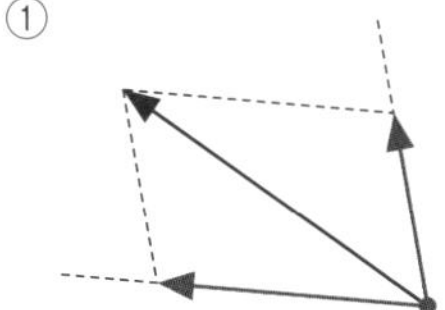

②
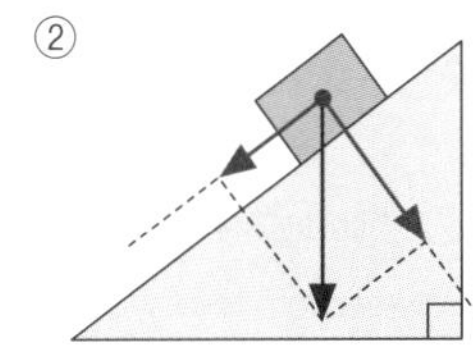

考え方 それぞれの点線と平行になるように，矢印の先を通る直線をかいて平行四辺形を作図し，平行四辺形の２辺を分力として矢印をかく。

教科書 p.19

章末問題

①向きが同じ２つの力の合力は，どのように求められるか。

②向きがちがう２つの力の合力は，どのように求められるか。

③斜面の角度が10°と15°のときでは，斜面に平行な分力が大きいのはどちらか。

解答

①２つの力の大きさの和

②２つの力を表す矢印を２辺とする平行四辺形の対角線

③15°のとき

テスト対策問題

解答は巻末にあります。

時間30分　　/100

1 右の図のように，一直線上にある２つの力A，力Bが点Oに加わっている。次の問いに答えよ。

8点×6(48点)

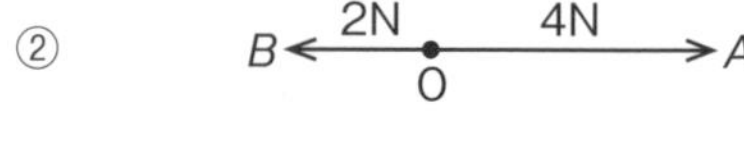

(1) 点Oに置いた物体を，図の力A，力Bを合成した力で引いたとき，物体には何Nの力が加わるか。　①(　　　　)　②(　　　　)　③(　　　　)

(2) (1)のとき，それぞれ物体はどのようになるか。次のア〜ウから選べ。

①(　　)　②(　　)　③(　　)

ア　力Aと同じ向きに動く。

イ　力Aと反対の向きに動く。

ウ　静止して動かない。

2 右の図は，輪ゴムを２つの力で伸ばしたときの力Aと力Bを矢印で表したものである。次の問いに答えよ。

7点×4(28点)

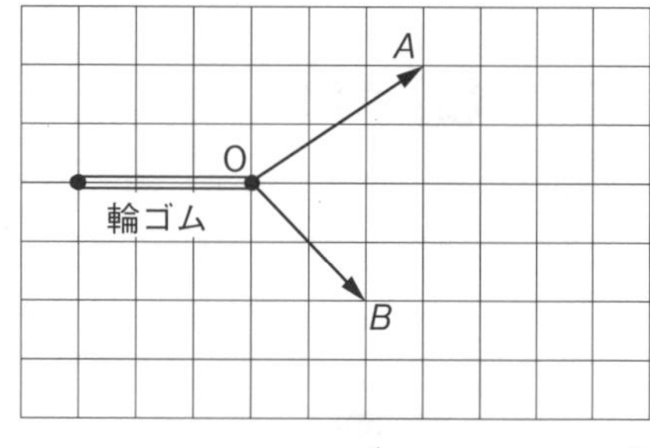

(1) 力Aと力Bの２つの力のかわりに，１つの力Fで輪ゴムを同じ長さに伸ばした。力Fの矢印を，右の図にかき表せ。また，方眼の１目盛りを1.2Nの力として，力Fの大きさを求めよ。　(　　　　)

(2) (1)のとき，力Fを力Aと力Bの何というか。　(　　　　)

(3) 力Aと力Bの大きさは変えず，間の角度を大きくすると，力Fの大きさはどのようになるか。　(　　　　)

3 右の図は，斜面上で静止している物体にはたらいている重力を矢印で表したものである。次の問いに答えよ。

8点×3(24点)

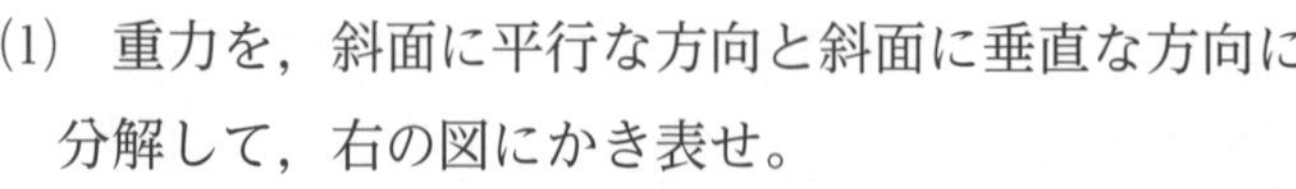

(1) 重力を，斜面に平行な方向と斜面に垂直な方向に分解して，右の図にかき表せ。

(2) 図のとき，物体にはたらいている斜面に平行な分力と斜面に垂直な分力の大きさはそれぞれ何Nか。ただし，方眼の１目盛りを２Nとする。

斜面に平行な分力(　　　　)　斜面に垂直な分力(　　　　)

単元1 運動とエネルギー

2章 水中の物体に加わる力

① 浮力

テーマ 浮力

教科書のまとめ

□浮力（ふりょく）	▶水中の物体に加わる上向きの力。水中に入っている物体の体積が大きいほど，大きい。物体の全体が水中に入っているとき，浮力の大きさは深さによって変わらない。 浮力〔N〕＝重力の大きさ〔N〕 －水中に入れたときのばねばかりの値〔N〕 → 実験2
□浮（う）かぶ物体と沈（しず）む物体	▶浮力が重力よりも大きいと，２つの力の合力は上向きになるので，物体は水面に浮き上がる。逆に，浮力よりも重力が大きいと，２つの力の合力は下向きになるので，物体は水に沈む。 参考 船にはたらいている重力と浮力がつり合っているので，船は水面に浮くことができる。

実験のガイド

教科書 p.21

実験2 浮力

❶ 空気中で，物体にはたらく重力の大きさを調べる。⇨✖1

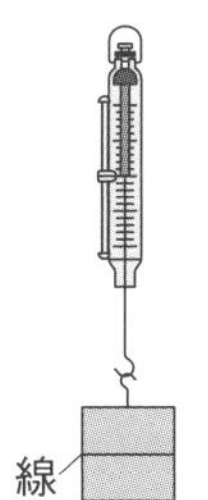

❷ ⓐ～ⓒのように物体を水に入れたときの浮力を調べる。⇨✖2

ⓐ半分だけ水に入れる。

ⓑ全体を水に浅く入れる。

ⓒ全体を水に深く入れる。

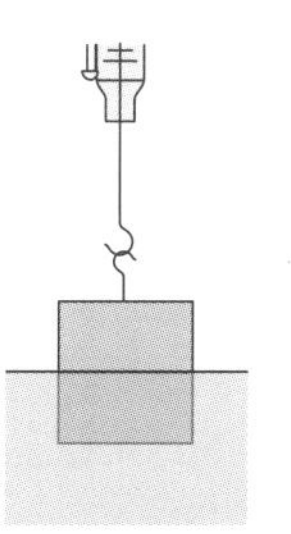

✖1 コツ 物体の体積が半分になるところに，線を入れておくとよい。

✖2 コツ メスシリンダーを使うと，水に入っている物体の体積がわかる。

実験の結果

・物体を水中に沈めるにつれて，ばねばかりの値は小さくなった。
・物体の全体が水に入ると，深さを変えてもばねばかりの値は変化しなかった。
・浮力は，重力の大きさに関係しなかった。

ポリ塩化ビニル　40cm³				
	空気中	半分水中	浅い	深い
重力〔N〕	0.60			
ばねばかりの値〔N〕	0.60	0.40	0.20	0.20
浮力〔N〕	0	0.20	0.40	0.40

アルミニウム　40cm³				
	空気中	半分水中	浅い	深い
重力〔N〕	1.08			
ばねばかりの値〔N〕	1.08	0.88	0.68	0.68
浮力〔N〕	0	0.20	0.40	0.40

結果から考えよう

浮力の大きさは，何に関係していると考えられるか。

→浮力は，水面より下の物体の体積に関係し，物体の質量には関係しないと考えられる。また，物体の全体が水に入っている場合，浮力は深さに関係しないと考えられる。

Science Press　発展

浮力と密度

体積100cm³の木（密度0.7g/cm³）と体積100cm³の金属（密度2.7g/cm³）が，水（密度1.0g/cm³）に浮くかどうかを調べると，水より密度が小さい木は浮き上がり，水より密度が大きい金属は沈む。また，物体を水に入れると，その物体には，押(お)しのけた水にはたらく重力と同じ大きさの浮力が加わる。つまり物体が100cm³の水を押しのけると，物体には1.0Nの浮力が加わる。100cm³の木と金属にはたらく重力は，それぞれ0.7N，2.7Nなので，この値が浮力（1.0N）より小さい木は浮き，大きい金属は沈む。このように物体が浮くかどうかは，密度を比べることでも確かめることができる。

❷ 水圧

テーマ　水圧　水圧と浮力

教科書のまとめ

□水圧（すいあつ） ▶水中の物体に加わる，水による圧力。水圧は，あらゆる向きから物体に加わる。水圧の大きさは，同じ深さでは向きに関係なく等しく，深いところほど大きい。 → やってみよう

知識
水圧は，物体を押す向きに加わるだけではなく，水槽（すいそう）の壁（かべ）を外に押す向きなど，さまざまな向きに加わる。

□水圧と浮力 ▶水中にある直方体の底面に加わる上向きの水圧は，上面に加わる下向きの水圧より大きく，この水圧の差が，上向きの力である浮力を生み出す。どの深さでも，底面と上面の水圧の差は変わらないため，浮力の大きさは，深さによって変わらない。

教科書 p.24 やってみよう

水中の物体に水圧がどのように加わるか調べてみよう

❶ 水の圧力実験装置を水に入れ，深さを変えてゴム膜（まく）のへこみ方を観察する。

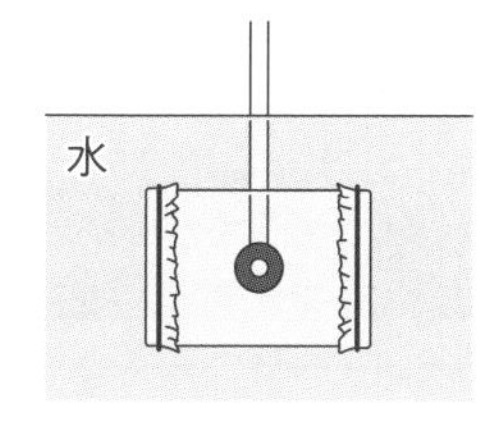

❷ 向きを変えて，❶を行う。

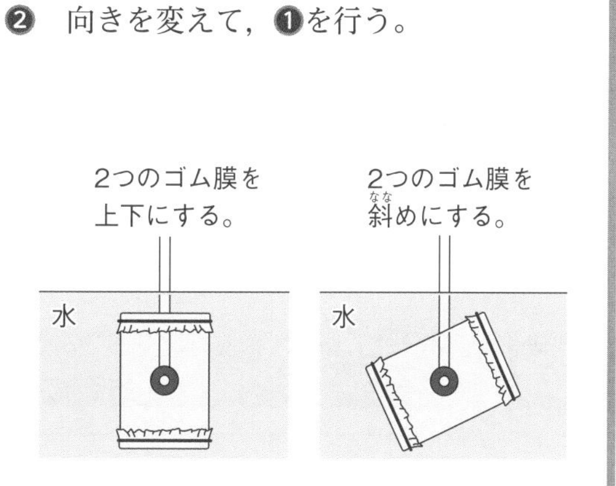

やってみようのまとめ

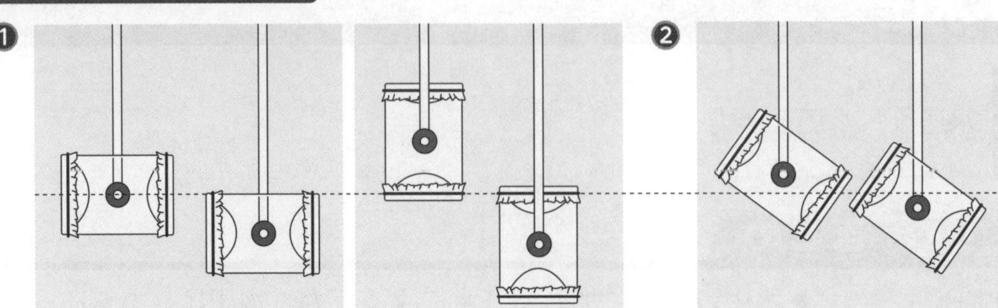

❶ 水圧は深いほど大きく，ゴム膜のへこみ方が大きい。

❷ 同じ深さであれば，向きに関係なく同じ大きさの水圧が加わるので，どの向きでもゴム膜のへこみ方は同じ。

教科書 p.26

演習 図のような，各辺が1mで体積1m^{3}の立方体の水を例にして，次の問いに答えなさい。ただし，水の密度は1.0g/cm^{3}とする。

①体積1m^{3}の水の質量は，何kgか。

②図のような立方体の水の底面に，垂直に加わる力の大きさは何Nか。

③水深が1m深くなると，水圧は何Pa大きくなるか。

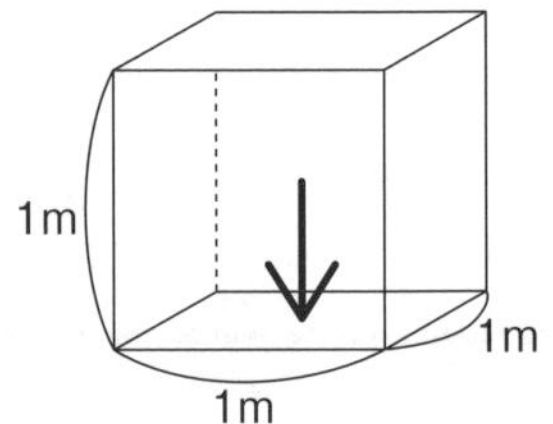

演習の解答

①1000kg

②10000N

③10000Pa

考え方

① 1 m^3＝1000000cm^{3}なので，水の質量は，

1 g/cm^3×1000000cm^3＝1000000g＝1000kgである。

②100gの物体にはたらく重力の大きさは1Nなので，1000000÷100＝10000N

③水深が1m深くなると，水圧は，10000N÷1m^2=10000Pa大きくなる。

教科書 p.27

章末問題

①鉄のかたまりを水に入れたら沈んだ。この鉄には浮力が加わっているか。

②水圧の大きさは，水の深さとどのような関係があるか。

解答

①加わっている。

②深いところほど，水圧は大きい。

単元1 運動とエネルギー

3章 物体の運動

① 運動の表し方

テーマ　物体の運動のようす　速さ　平均の速さ　瞬間の速さ　運動の記録

教科書のまとめ

□運動のようす	▶物体の運動のようすは，運動の速さと向きで表せる。物体の運動を一定の時間間隔(かんかく)で撮影(さつえい)した連続写真を使うと，速さや向きの変化がわかる。 → やってみよう **参考** 物体に力が加わると，運動の速さや運動の向きが変化する。 **知識** 等間隔で連続して光を出すストロボスコープを使うと，一定の時間間隔で物体の運動を撮影できる。
□速さ	▶一定の時間に物体が移動した距離(きょり)。 速さ〔m/s〕＝移動した距離〔m〕/移動にかかった時間〔s〕
□速さの単位	▶物体が移動した距離や移動にかかった時間によって，cm/s，m/s，km/hなどが使われる。 ① cm/s，m/s…sはsecond(秒)を表す記号。cm/sはセンチメートル毎秒，m/sはメートル毎秒と読む。 ② km/h…hはhour(時)を表す記号。キロメートル毎時と読む。 **知識** 速さは秒速，時速で表すこともある。60cm/sは秒速60cm，60km/hは時速60kmと表すこともある。
□平均(へいきん)の速(はや)さ	▶速さが変化している物体が一定の速さで移動したと考えたときの速さ。
□瞬間(しゅんかん)の速(はや)さ	▶ごく短い時間に移動した距離を移動にかかった時間でわって求める。例速度計が表示する速さ。
□運動の記録	▶向きが変化しない運動は，記録タイマーで記録したテープの打点から，速さがわかる。 → 実験3

やってみよう

運動のようすを分類してみよう

❶ イラストにあるア～カの運動の速さや向きがどのように変わるか，付箋(ふせん)に書く。
❷ ❶で付箋に書いた運動を分類して，表にまとめる。
❸ ア～カ以外の運動や，身近な運動の例を付箋に書いて，表に追加する。

やってみようのまとめ

【例】(場合や考え方によって判断が異なってもよい。)

❶

ア 観覧車のかごの運動	イ ボール(直球)の運動(ボールが手から離(はな)れた直後)	ウ 飛びこみで落下している人の運動
速さ 変化しない 向き 変化する	速さ 変化しない 向き 変化しない	速さ だんだん速くなる 向き 変化しない

エ 球の運動(ラケットで打ち返されたとき)	オ スキーの大回転を滑(すべ)っている人の運動	カ カーリングのストーンの運動(ストーンが手から離れた直後)
速さ 変化する 向き 変化する	速さ 速くなったり遅くなったりする 向き 変化する	速さ 変化しない 向き 変化しない

❷❸

	向きが変化しない	向きが変化する
速さが変化しない	イ ボール(直球)の運動(ボールが手から離れた直後) カ カーリングのストーンの運動(ストーンが手から離れた直後) ・エスカレーターでの移動	ア 観覧車のかごの運動 ・スピードスケート(コーナー)
速さが変化する	ウ 飛びこみで落下している人の運動 ・スキージャンプの滑走(かっそう)中の運動 ・オールをこいでまっすぐ進むボート	エ 球の運動(球を打ち返したとき) オ スキーの大回転を滑っている人の運動 ・鉄棒(大車輪)の運動 ・フィギュアスケートのスピン

実験のガイド

実験3 運動の記録

❶ テープを一定の速さで引いて，運動を記録する。

❷ テープを引く速さをだんだん速くして，運動を記録する。

❸ テープを引く速さを自由に変えながら，運動を記録する。

実験の結果

一定の打点数ごとにテープを切って貼り，各テープの速さを計算する。

❶

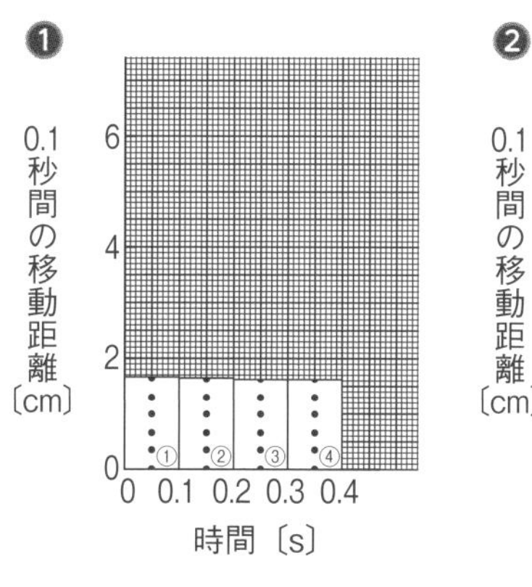

❷

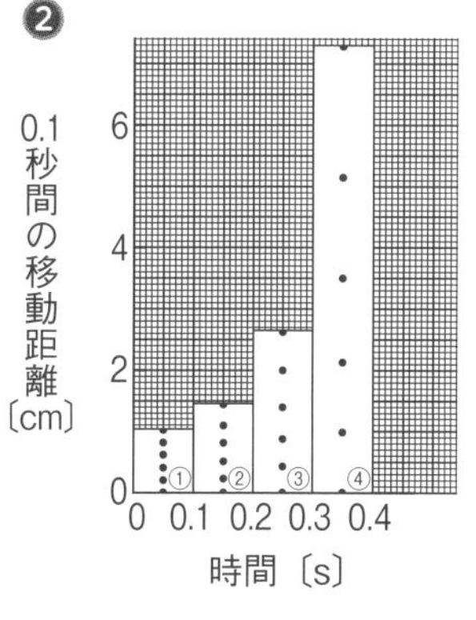

❸

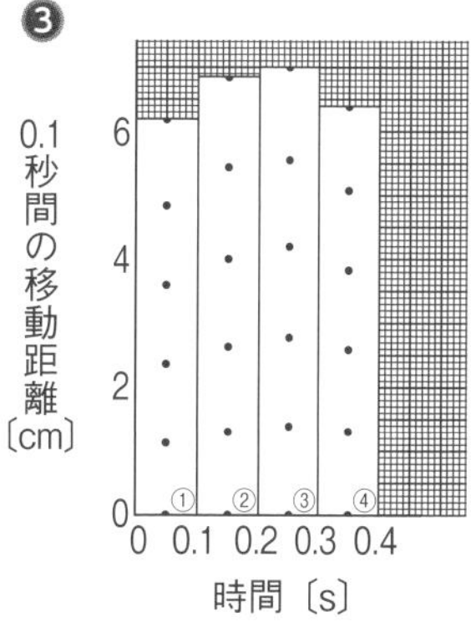

❶ テープ① $\frac{1.7\text{cm}}{0.1\text{s}}=17\text{cm/s}$，テープ② $\frac{1.7\text{cm}}{0.1\text{s}}=17\text{cm/s}$，…，テープ④ $\frac{1.6\text{cm}}{0.1\text{s}}=16\text{cm/s}$

❷ テープ① $\frac{1.0\text{cm}}{0.1\text{s}}=10\text{cm/s}$，テープ② $\frac{1.5\text{cm}}{0.1\text{s}}=15\text{cm/s}$，…，テープ④ $\frac{7.3\text{cm}}{0.1\text{s}}=73\text{cm/s}$

❸ テープ① $\frac{6.2\text{cm}}{0.1\text{s}}=62\text{cm/s}$，テープ② $\frac{6.9\text{cm}}{0.1\text{s}}=69\text{cm/s}$，…，テープ④ $\frac{6.4\text{cm}}{0.1\text{s}}=64\text{cm/s}$

結果から考えよう

①速さが一定のとき，打点の間隔はどのようになると考えられるか。

→打点の間隔は一定になると考えられる。

②速さが変化すると，打点の間隔はどのようになると考えられるか。

→運動が速いと打点の間隔は広くなり，遅い(おそい)と狭く(せまく)なると考えられる。

教科書 p.33

基本操作

記録タイマーによる運動の記録のしかた

記録タイマーの使い方

❶ テープを必要な長さに切り，記録タイマーに通して，運動を調べる物体につける。

❷ 記録タイマーのスイッチを入れてから，物体を運動させてテープに記録する。

❸ 終わったら，記録タイマーのスイッチを切る。

テープの処理のしかた

❶ 一定の打点数ごとに，テープに番号をつけて切る。

❷ テープの上下が逆にならないように，向きをそろえて台紙に並べて貼る。

テープの長さと速さ

テープの長さは，物体の移動距離を表している。

東日本（50Hz）

5打点ごとに切る。⇨ 1

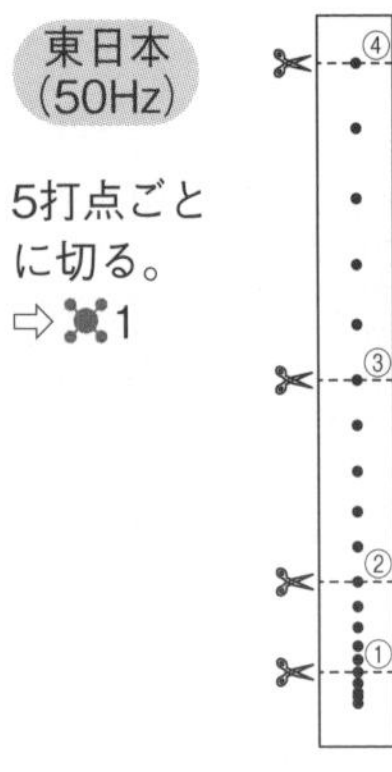

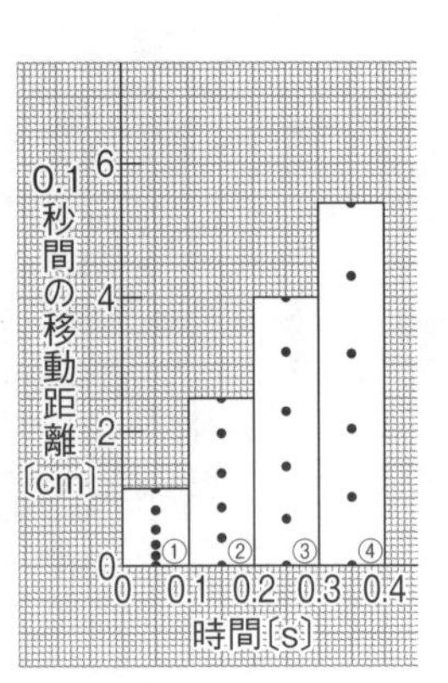

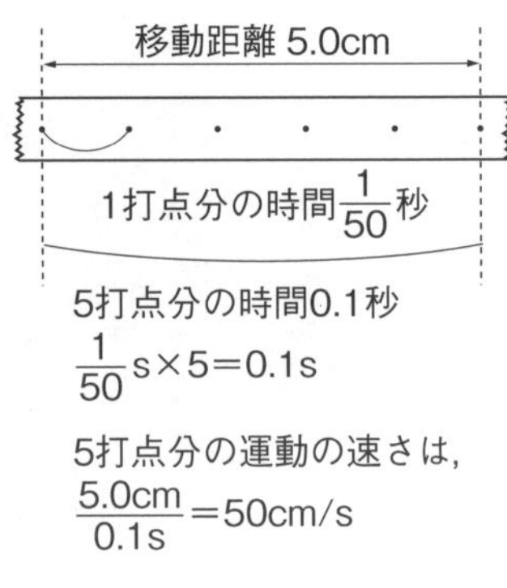

5打点分の時間0.1秒

$\frac{1}{50}\mathrm{s}\times5=0.1\mathrm{s}$

5打点分の運動の速さは，

$\frac{5.0\mathrm{cm}}{0.1\mathrm{s}}=50\mathrm{cm/s}$

西日本（60Hz）

6打点ごとに切る。⇨ 1

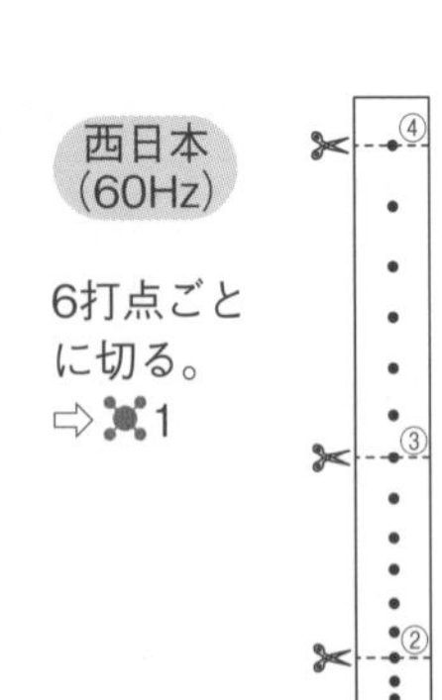

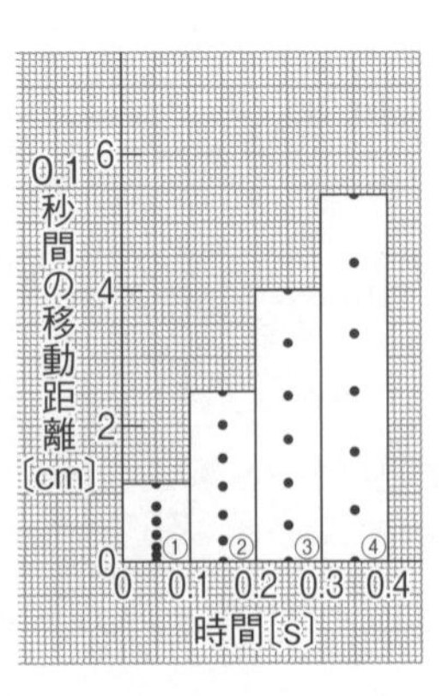

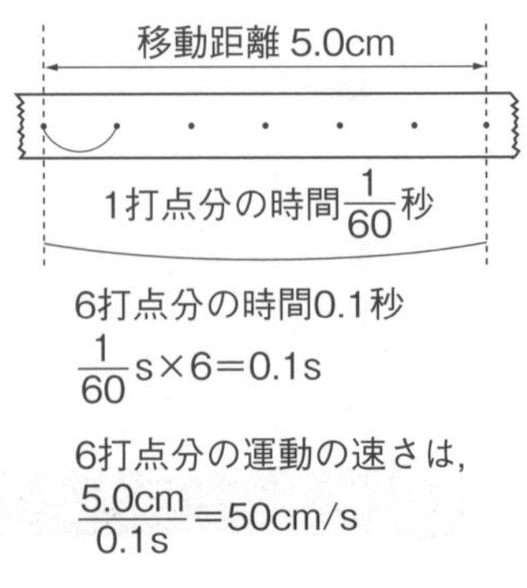

6打点分の時間0.1秒

$\frac{1}{60}\mathrm{s}\times6=0.1\mathrm{s}$

6打点分の運動の速さは，

$\frac{5.0\mathrm{cm}}{0.1\mathrm{s}}=50\mathrm{cm/s}$

1 コツ 打点の重なっているはじめの部分は使わない。

 力と運動

テーマ　等速直線運動　自由落下運動　慣性　慣性の法則

教科書のまとめ

□**等速直線運動**
▶速さが一定で一直線上を進む運動。物体が移動した距離は運動した時間に比例するので，次の式で表せる。

距離〔m〕＝速さ〔m/s〕×時間〔s〕

→ 実験4

参考
等速直線運動している物体は重力と垂直抗力を受けているが，物体の運動の向きには力を受けていない。

□**斜面を下る物体の運動**
▶運動の向きに一定の大きさの力を受け続け，速さが時間とともに一定の割合で増加する。質量が同じ物体では，受ける力が大きいほど速さの変化の割合が大きい。

→ 実験5

□**自由落下運動**
▶静止していた物体が重力だけを受けて真下に落下する運動。重力の大きさは常に一定なので，速さも一定の割合で増加する。

参考
自由落下運動は，斜面の角度が90°のときの運動と考えられ，速さの変化の割合が最大になる。

□**力の向きと運動**
▶運動の向きに力を受けると，物体の速さは増加する。運動と反対向きに力を受けると，物体の速さは減少する。運動と異なる向きに力を受けると，物体の速さや向きが変化する。

□**慣性**
▶物体がそれまでの運動を続けようとする性質。

→ やってみよう

□**慣性の法則**
▶外から力を加えない限り，静止している物体はいつまでも静止し続け，運動している物体はいつまでも等速直線運動を続ける。慣性の法則は，全ての物体で成り立つ。

参考
電車が加速して動き出すときに体が進行方向とは反対に引っ張られるように感じたり，減速するときに体が進行方向に傾いたりする。

実験のガイド

実験4 力を受けていないときの物体の運動

❶ 台車にテープをつける。
机の長さよりやや短いテープを用意し，台車の後ろにつける。

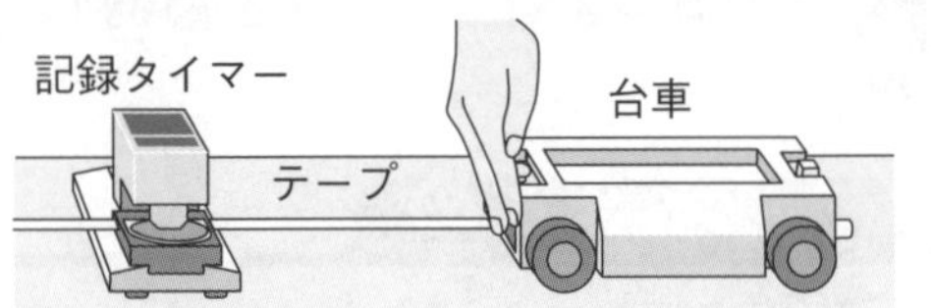

❷ 台車の運動を記録する。
台車を手でたたくように軽く押して進ませ，記録タイマーで運動を記録する。⇨1

❸ 台車の運動の速さを変えて調べる。
台車を押す力を変えて，❷を行う。⇨2

1 コツ 台車を押している間の運動を記録しないように，台車から手が離れてから記録タイマーのスイッチを入れる。

2 注意 台車が机から落下しないように注意する。

実験の結果

❷ 0.1秒ごとのテープの長さはどれもほぼ同じ11.0cmになり，速さはほとんど変化しなかった。運動の向きは，変化しなかった。

時間〔s〕	0	0.1	0.2	0.3	0.4	0.
かかった時間〔s〕	0.1	0.1	0.1	0.1	0.1	
テープの長さ〔cm〕	11.0	11.0	10.9	10.9	10.9	
速さ〔cm/s〕	110	110	109	109	109	

❸ 台車を押す力を大きくしたとき，テープの長さは11.0cmより長くなり，どれもほぼ同じ長さになった。

実験のまとめ

・台車が手から離れた後の運動では，台車は運動の向きに力を受けていない。
・速さはほとんど変わらず，一定である。
・0.1秒間の移動距離がほぼ同じなので，時間と台車の移動距離の関係をグラフにすると，原点を通る右上がりの直線になる。

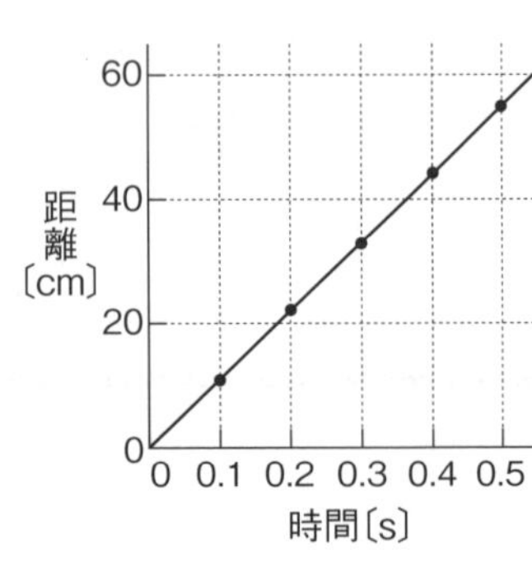

結果から考えよう

①時間と台車の移動距離には，どのような関係があると考えられるか。

→時間と移動距離の関係をグラフにすると，原点を通る右上がりの直線になることから，移動距離は運動した時間に比例すると考えられる。

②物体が力を受けていないとき，運動の速さや向きはどのようになると考えられるか。

→運動の向きに力を受けていなければ，速さが一定で，運動の向きも変化しないと考えられる。

やってみよう

一定の大きさの力を受け続ける台車の運動を調べてみよう

❶ 台車にテープと糸をつけ，図のように，糸の先におもりをつり下げる。 ⇨✖1

❷ 台車をおもりで引いて走らせ，記録タイマーで運動を記録する。 ⇨✖2

✖1 注意 台車が滑車(かっしゃ)に衝突(しょうとつ)しないように，滑車の前に安全おもりなどを置く。

✖2 コツ 記録タイマーのスイッチを入れてから，おもりを落とす。

結果から考えよう

・テープの長さがだんだん長くなるので，運動の向きに一定の大きさの力を受け続けると，速さは増加すると考えられる。

・0.1秒間のテープの増えた分が一定になるので，速さの増え方は，時間によらず一定になると考えられる。

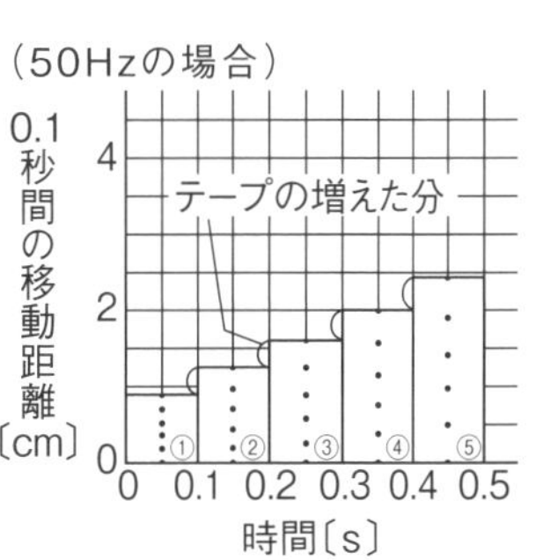

実験のガイド

実験5 斜面を下る物体の運動

❶ 台車が運動の向きに受ける力を調べる。
斜面の上の方，中間，下の方の3か所で，斜面に平行な力の大きさをはかる。

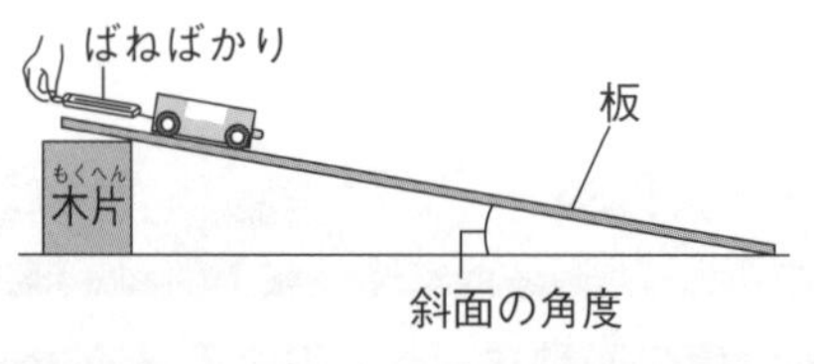

✖1 コツ 記録タイマーのスイッチを入れてからテープを離す。

❷ 台車の運動を記録する。⇨✖1

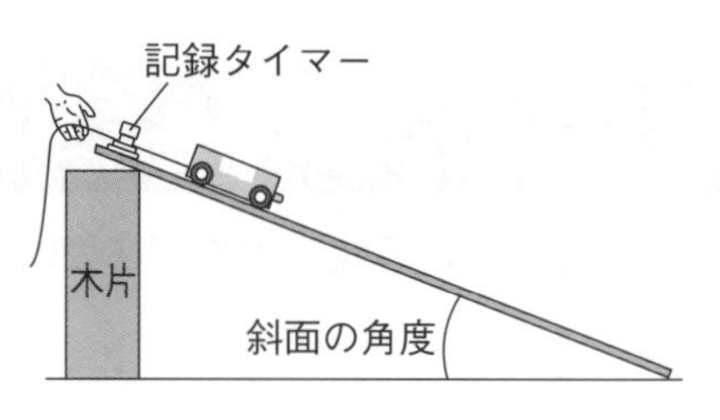

❸ 斜面の角度を変えて，❶と❷を行う。

実験の結果

❶❸ 台車に加わる斜面に平行な力は，斜面のどこでも一定だった。
斜面の角度が大きくなると，台車に加わる力は大きくなった。

斜面の角度5°　斜面に平行な力 0.42N

時間〔s〕	0	0.1	0.2	0.3	0.4	0.
かかった時間〔s〕	0.1	0.1	0.1	0.1	0.1	
テープの長さ〔cm〕	0.4	1.0	1.6	2.2	2.8	
速さ〔cm/s〕	4	10	16	22	28	

斜面の角度10°　斜面に平行な力 0.85N

時間〔s〕	0	0.1	0.2	0.3	0.4	0.
かかった時間〔s〕	0.1	0.1	0.1	0.1	0.1	
テープの長さ〔cm〕	1.0	2.3	3.6	4.9	6.2	
速さ〔cm/s〕	10	23	36	49	62	

❷❸ 0.1秒ごとのテープの長さは，斜面を下るとともに長くなり，増えた分は一定になった。斜面の角度が大きいと，テープの増え方も大きくなった。

（50Hzの場合）

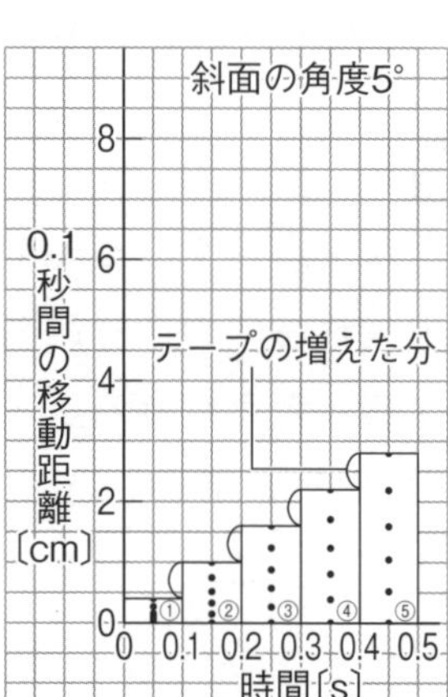

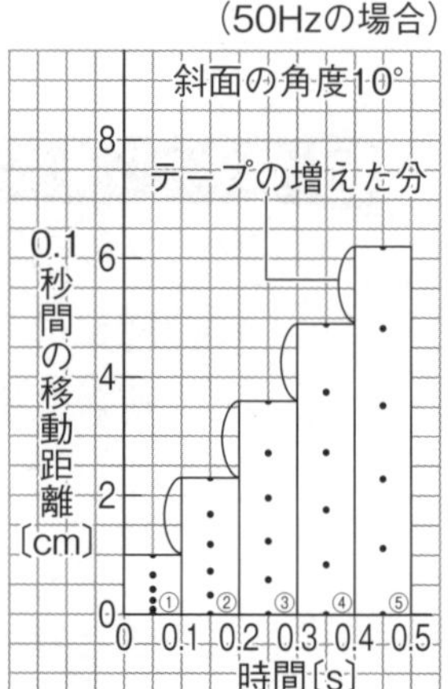

結果から考えよう

①台車の速さは，斜面を下るにつれてどのように変化すると考えられるか。

→時間とともに0.1秒ごとのテープの長さが長くなるので，0.1秒間の移動距離が増えている。つまり，台車の速さが増加すると考えられる。

②力の大きさと速さの変化のしかたには，どのような関係があると考えられるか。

→斜面の角度が大きくなると，台車にはたらく斜面に平行な分力が大きくなり，台車が運動の向きに受ける力も大きくなる。そのため，速さの増え方が大きくなると考えられる。

教科書 p.47

やってみよう

慣性を実感してみよう

A　静止し続ける物体

だるま落としのように，何枚か重ねた10円硬貨(こうか)に，1枚の10円硬貨を勢いよくはじいてぶつける。

B　運動を続ける物体

台車に物体をのせて走らせ，途中(とちゅう)で台車を止める。

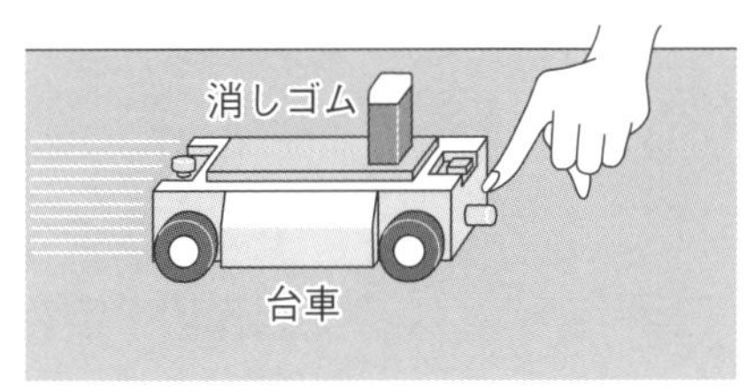

やってみようのまとめ

A　はじいた1枚の10円硬貨がぶつかった10円硬貨だけがはじき飛ばされ，上の10円硬貨は，慣性によってもとの位置に静止し続けようとして，そのまま残る。

B　台車の上の消しゴムは，慣性によって，それまでの運動を続けようとするため，途中で台車を止めると進行方向へ倒れる。

③ 作用と反作用

テーマ　作用と反作用　　作用・反作用と力のつり合い

教科書のまとめ

□作用と反作用

▶物体が他の物体に力を加えたときに，異なる物体の間で対になってはたらく力。

例 水泳のターンのときのあしが壁を押す力と壁があしを押す力，イプシロンロケットの発射のときのガスがロケットを押す力とロケットがガスを押す力

□作用と反作用の関係

▶次の関係が成り立つ。

・作用と反作用は，大きさが等しい。

・作用と反作用は，一直線上にある。

・作用と反作用は，向きが反対である。

□作用・反作用と力のつり合い

▶作用・反作用の２つの力とつり合っている２つの力には，次の関係がある。

① 作用･反作用の２つの力は，異なる物体に加わるが，つり合っている２つの力は，同じ物体に加わる。

② 作用・反作用の２つの力とつり合っている２つの力は，２つの力について，大きさが等しい，一直線上にある，向きが反対であるという点が共通している。

教科書 p.49

章末問題

①72km/hで走る自動車の速さは何m/sか。

②等速直線運動をしている物体は，運動の向きに力を受けているか。

③斜面を下る運動や自由落下運動をしている物体は，力を受けているか。また，物体の運動の速さは時間とともにどのようになるか。

④２つの力のつり合いと，作用と反作用のちがいを説明しなさい。

①$\dfrac{(72 \times 1000)\text{m}}{(60 \times 60)\text{s}} = 20\text{m/s}$

②受けていない。

③受けている（重力）。速さは時間とともに増加する。

④つり合っている２つの力は，同じ物体に加わっている。一方，作用と反作用の２つの力は，異なる物体に加わり，対になってはたらく。

①72km＝72000m，１時間＝3600秒。

②等速直線運動は，物体が一定の速さで一直線上を進む運動である。物体が力を受けると，物体の運動の速さや向きが変わる。

③斜面を下る運動では重力の斜面に平行な分力を，自由落下運動では重力を，物体は運動の向きに受け続けるので，速さは時間とともに増加する。

④どちらの場合も，２つの力の大きさは等しく，一直線上にあり，向きが反対である。しかし，力が加わっている物体がちがう。

テスト対策問題

解答は巻末にあります。

時間30分　　/100

1 1秒間に50回打点する記録タイマーを使って，右の図のような斜面を下る台車の運動のようすを記録した。記録したテープを5打点ごとに区切ってA～Jの記号をつけ，それぞれの長さを測定した。下の表は，測定結果をまとめたものである。次の問いに答えよ。

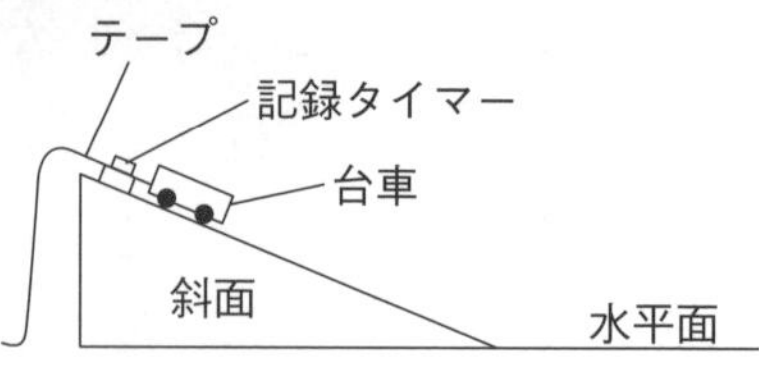

10点×6(60点)

記号	A	B	C	D	E	F	G	H	I	J
長さ〔cm〕	0.8	1.6	2.4	3.2	4.0	4.8	5.6	6.0	6.0	6.0

(1) 斜面を下るときの台車の運動について，次の文の(　)にあてはまる語句を，下のア～ウからそれぞれ選べ。　①(　　)　②(　　)

進行方向にはたらく力の大きさは(①)ので，台車の速さは(②)。

ア　一定の割合で増加する　　イ　一定の割合で減少する　　ウ　常に一定となる

(2) 斜面を下り始めてから0.4秒後から0.5秒後の間の台車の平均の速さは何cm/sか。

(　　　　)

(3) 台車が水平面上を動いているときの運動を何というか。　(　　　　)

(4) (3)の運動の①時間と速さの関係，②時間と移動距離の関係を表すグラフを，右の㋐～㋓から選べ。　①(　　)　②(　　)

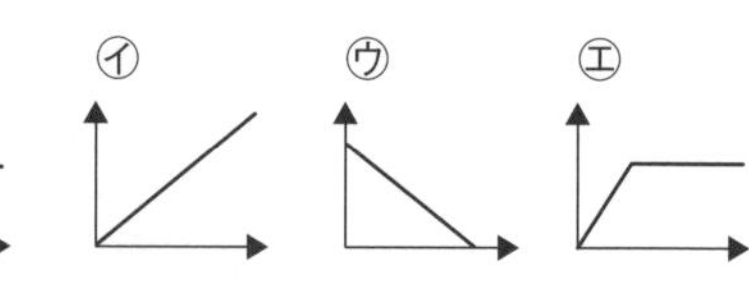

2 右の図のように，水平な床の上の壁のそばで静止している台車に乗ったまさとさんが壁を押すと，台車はまさとさんを乗せたまま壁と反対方向に動いた。次の問いに答えよ。ただし，空気の抵抗や摩擦は考えないものとする。　10点×4(40点)

(1) 台車は，外から力を加えない限り，静止しているときは静止し続けようとし，運動しているときはいつまでもその運動を続けようとする。このような物体のもつ性質を何というか。　(　　　　)

(2) まさとさんが壁を押したときにはたらく力について答えよ。

① まさとさんは，何から力を受けたか。　(　　　　)

② まさとさんが受けた力の大きさは，まさとさんが壁を押した力と比べてどうなっているか。　(　　　　)

③ まさとさんが壁を押した力(作用)に対して，まさとさんが受けた力のことを何というか。　(　　　　)

4章 仕事とエネルギー

① 仕事

テーマ　仕事　仕事の大きさ　仕事の原理　仕事率

教科書のまとめ

□仕事(しごと)
▶物体に力を加えて，物体を力の向きに動かしたとき，物体に対して仕事をしたという。

□仕事の大きさ
▶加えた力の大きさと力の向きに動かした距離との積で表す。単位は，ジュール(記号J)。

知識
物体を1Nの力で，力の向きに1m動かしたときの仕事の大きさが1J。

仕事〔J〕＝力の大きさ〔N〕×力の向きに動かした距離〔m〕

① 物体を持ち上げる仕事…物体にはたらく重力とつり合う上向きの力を加え続ける必要がある。

② 物体を床の上で動かす仕事…物体に加わる摩擦力と向きが反対で同じ大きさの力を加え続けると，物体は一定の速さで動く。

③ 仕事が0Jの場合…物体に力を加えても動かない場合や，物体に加わる力と物体の移動の向きが垂直な場合。

□仕事の原理(しごとのげんり)
▶道具を使って加える力を小さくしても，物体を動かす距離が長くなり，仕事の大きさは，道具を使わないときと変わらないこと。

→ 実験6

□仕事率(しごとりつ)
▶1秒当たりにする仕事の大きさ。仕事率の大きさで，仕事の能率を比較(ひかく)できる。単位はワット(記号W)。

$$仕事率〔W〕＝\frac{仕事〔J〕}{仕事に要した時間〔s〕}$$

知識
1秒間に1Jの仕事をしたときの仕事率が1W。

 次の①～③の仕事の大きさを答えなさい。

①６kgの荷物をゆっくりと0.8m持ち上げたときの仕事

②20Nの摩擦力に逆らって，ふすまをゆっくりと50cm開けたときの仕事

③50Nの力でバケツを持って，水平にゆっくりと２m移動したときの仕事

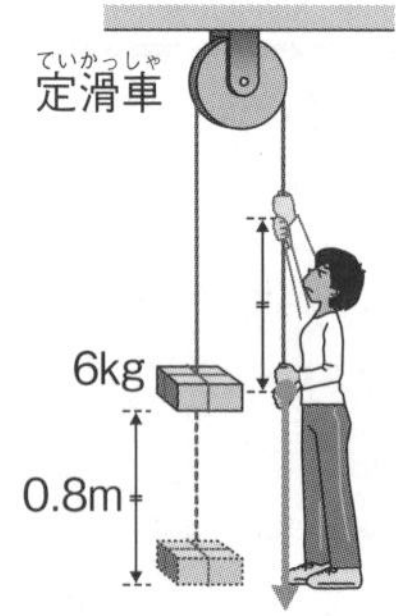

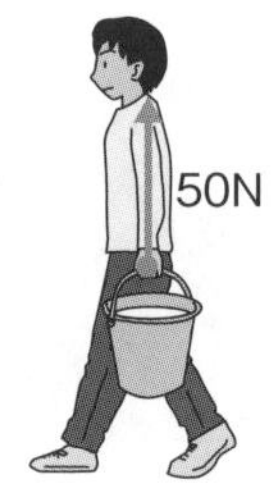

演習の解答　①48J　②10J　③0J

仕事〔J〕＝力の大きさ〔N〕×力の向きに動かした距離〔m〕

①仕事〔J〕＝60N×0.8m＝48J

②仕事〔J〕＝20N×0.5m＝10J

③仕事〔J〕＝50N×０m＝０J

教科書 p.53

実験のガイド

実験６　仕事の原理

❶　おもりを直接持ち上げたときの仕事を調べる。おもりを持ち上げる力の大きさと，糸を引き上げた距離をはかる。⇨1

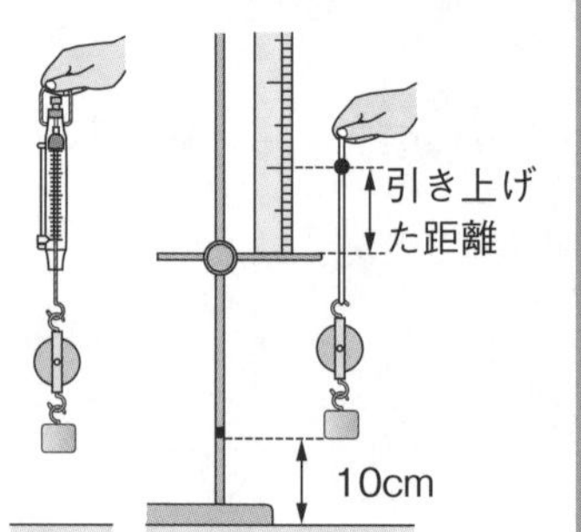

❷ 動滑車を使っておもりを持ち上げたときの仕事を調べる。
おもりを持ち上げる力の大きさと，糸を引き上げた距離をはかる。

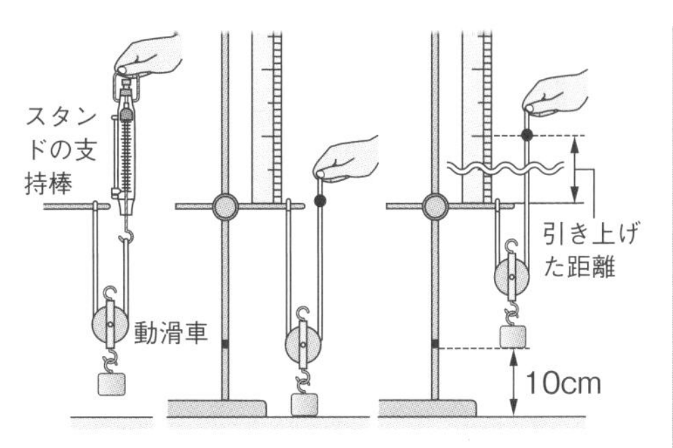

※1 コツ おもりを持ち上げる高さに，目印をつけておく。

実験の結果

	力の大きさ〔N〕	距離〔m〕	仕事〔J〕
直接持ち上げたとき	0.34	0.1	0.034
動滑車を使ったとき	0.17	0.2	0.034

・力の大きさは，おもりを持ち上げたときのばねばかりの値である。
・動滑車を使ったときは，直接持ち上げたときに比べて力の大きさは$\frac{1}{2}$になったが，糸を引く距離は直接持ち上げる距離の２倍になった。
・動滑車を使ったときと使わなかったときで，仕事の大きさは変わらなかった。

結果から考えよう

物体を持ち上げるために動滑車を使うときと使わないときで，仕事の大きさにどのようなちがいがあると考えられるか。

→動滑車を使うと，直接持ち上げるよりも糸を引く力は小さくできるが，糸を引く距離が長くなるため，動滑車を使うときと使わないときで，仕事の大きさは同じになると考えられる。

教科書 p.55

演習 図８で，物体を斜面に沿って１m引き上げるのに必要な仕事は何Jか。

演習の解答　5J

考え方 斜面の角度が30°のとき，斜面に沿って糸を引く力の大きさは重力の$\frac{1}{2}$になるので，重力が10Nの物体を斜面に沿って引き上げる力は5N。よって仕事は，5N×1m＝5J

演習　50kgの人が，高低差５mの階段を上った。AとBの場合について，次の問いに答えなさい。

①AとBの仕事の大きさは，それぞれ何Jか。

②AとBの仕事率は，それぞれ何Wか。

演習の解答　①A：2500J　B：2500J

②A：250W　B：500W

①50kgの人には500Nの重力がはたらいている。

500N×５m＝2500J

②A…$\frac{2500\text{J}}{10\text{s}}$＝250W　B…$\frac{2500\text{J}}{5\text{ s}}$＝500W

② エネルギー

テーマ　エネルギー　位置エネルギー　運動エネルギー

教科書のまとめ

□エネルギー	▶ある物体が他の物体に対して仕事をする能力。仕事をする能力がある物体は，エネルギーをもっているという。単位は，ジュール（記号J）。 **参考** 物体がもっていたエネルギーの大きさは，その物体がした仕事の大きさからわかる。
□位置（いち）エネルギー	▶高いところにある物体がもっているエネルギー。物体の位置が高いほど大きく，物体の質量が大きいほど大きい。→ やってみよう 例 水力発電は，ダム湖の水がもっている位置エネルギーを利用している。
□運動（うんどう）エネルギー	▶運動している物体がもっているエネルギー。運動の速さが大きいほど大きく，物体の質量が大きいほど大きい。→ やってみよう 例 水車は，流れる水がもっている運動エネルギーを利用して動かしている。 ボウリングでは，転がるボールがもっている運動エネルギーを利用して，ピンを動かしている。

教科書 p.59

やってみよう

位置エネルギーの大きさと高さや質量の関係を調べてみよう

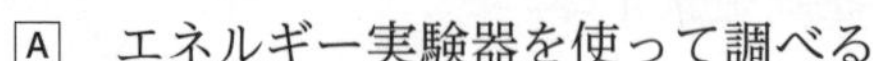

A　エネルギー実験器を使って調べる

❶　基準の線からおもりまでの高さをはかる。

❷　おもりを落下させてくいに当て，くいの移動距離をはかる。

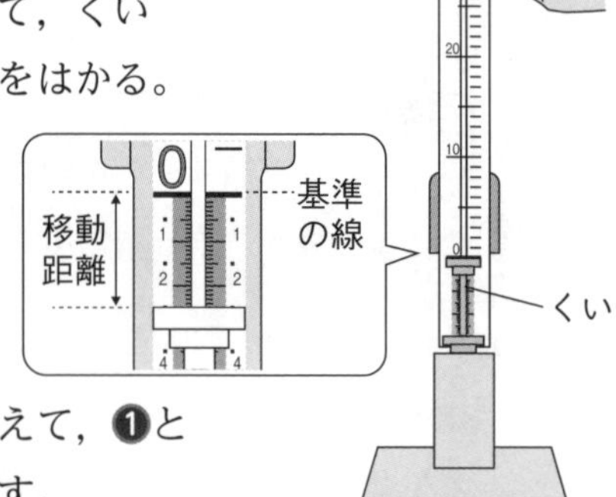

❸　高さを変えて，❶と❷を繰り返す。

❹　おもりの質量を変えて，❶と❷を繰り返す。

B　金属球を使って調べる

落下させる高さや金属球の質量を変えて行う。

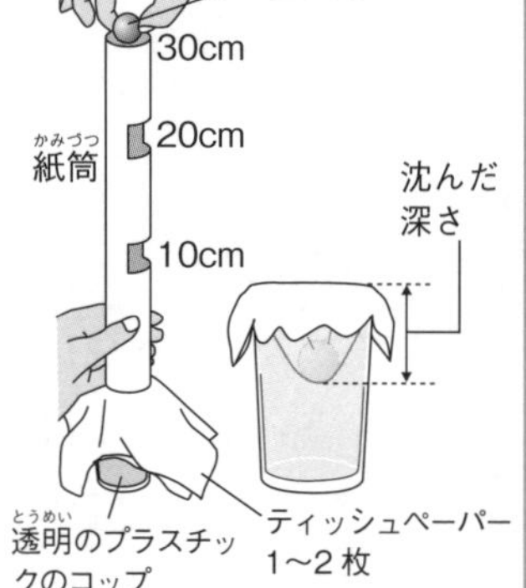

やってみようのまとめ

A　おもりの高さとくいの移動距離の関係をグラフにすると，それぞれ原点を通る直線となる。

・おもりの位置が高いほど，くいの移動距離が大きいので，おもりの位置エネルギーが大きいことがわかる。

・同じ高さでは，おもりの質量が大きいほど，くいの移動距離が大きいので，位置エネルギーが大きいことがわかる。

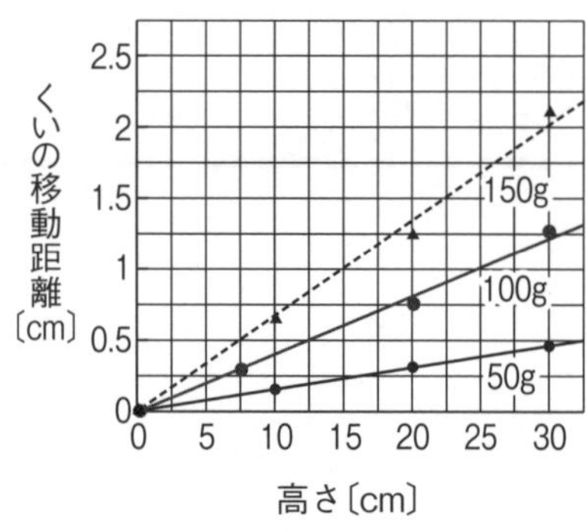

B　金属球の位置が高いほど，また金属球の質量が大きいほど，ティッシュペーパーの沈む深さが深くなる。このことから金属球の位置が高いほど，また金属球の質量が大きいほど，金属球の位置エネルギーが大きいことがわかる。

教科書 p.61

やってみよう

運動エネルギーの大きさと速さや質量の関係を調べてみよう

❶ 金属球を転がして，物体に衝突させる。
❷ 速さ測定器で，衝突直前の金属球の速さをはかる。
❸ 物体の移動距離をはかる。
❹ 金属球の速さを変えて，❶~❸を繰り返す。
❺ 金属球の質量を変えて，❶~❸を繰り返す。

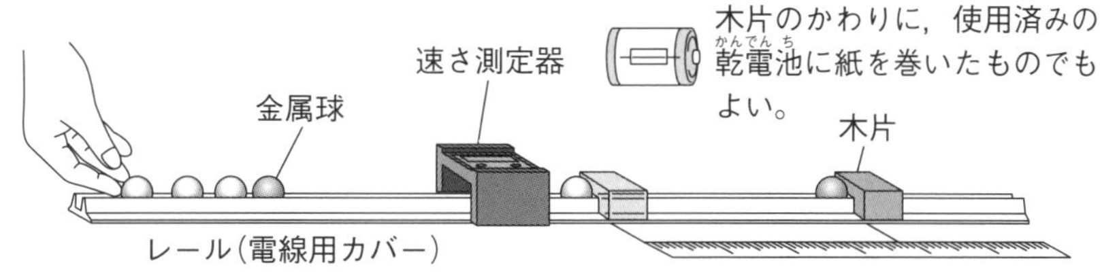

やってみようのまとめ

・金属球a，bの速さと木片の移動距離の関係をグラフにすると，右のようになった。
・金属球が速いほど，木片の移動距離は長く，金属球がもつ運動エネルギーが大きいことがわかる。
・同じ速さでは，金属球の質量が大きいほど，木片の移動距離は長く，金属球がもつ運動エネルギーが大きいことがわかる。

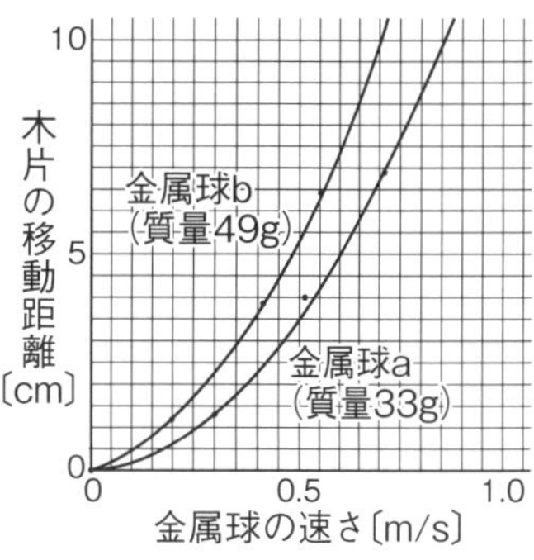

教科書 p.63

Science Press 発展

運動エネルギーの大きさ

運動エネルギーは物体の質量には比例するが，物体の速さには比例しない。運動エネルギーの大きさは，速さを2倍にすると4倍に，速さを3倍にすると9倍になるように，速さの2乗に比例する。

③ 力学的エネルギーの保存

テーマ　力学的エネルギー　　力学的エネルギーの保存

教科書のまとめ

□力学的エネルギー	▶位置エネルギーと運動エネルギーの和。
□力学的エネルギーの保存	▶物体に摩擦力や空気の抵抗などがなければ，物体のもつ力学的エネルギーが一定に保たれること。 力学的エネルギー＝位置エネルギー＋運動エネルギー＝一定 → 実験

教科書 p.64

実験のガイド

斜面を下る運動

斜面を下る運動では，位置エネルギーと運動エネルギーがどのように変化しているか。

A 高いところに静止しているとき
B 斜面を下っているとき
C 斜面を下り終えた後

実験のまとめ

Cのときの水平面を基準面として考えると，

A…台車の位置が最も高いので位置エネルギーは最大，台車は静止しているので運動エネルギーは0Jである。

B…斜面を下っていくとともに，台車の位置は低くなるので位置エネルギーはしだいに減少し，台車の速さは速くなるので運動エネルギーはしだいに増加する。

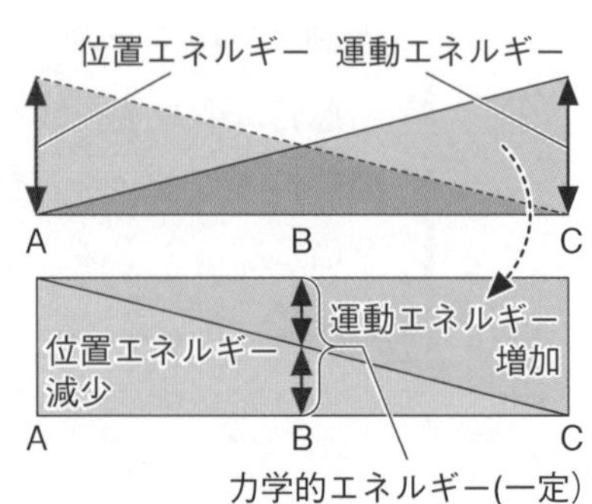

C…位置エネルギーは0J，運動エネルギーは最大になる。

→Aのときに台車がもっている位置エネル

ギーの大きさが力学的エネルギーの大きさである。

Bのときには，台車がもっている位置エネルギーが運動エネルギーに移り変わっている。

Cのときには，位置エネルギーが全て運動エネルギーに移り変わっているので，運動エネルギーの大きさが力学的エネルギーの大きさである。

実験のガイド

振(ふ)り子の運動

振り子の運動では，位置エネルギーと運動エネルギーがどのように変化しているか。

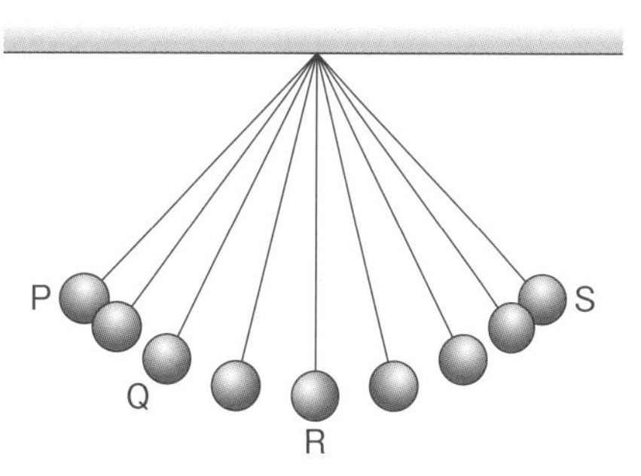

実験のまとめ

Rの位置を基準面として考えると，

P，S…おもりは静止しているので運動エネルギーは0J，おもりの位置が最も高いので位置エネルギーは最大である。

Q…PからRの向きに運動しているときには，おもりの速さはしだいに速くなり，おもりの位置は低くなる。このとき，Qでは，おもりのもつ位置エネルギーが運動エネルギーに移り変わっている。

R…位置エネルギーは0J，おもりの速さが最も速いので運動エネルギーは最大になる。

→おもりの位置が最も高いPとSでは，おもりがもつ位置エネルギーの大きさが力学的エネルギーの大きさに等しい。

Qでは，おもりがもつ位置エネルギーと運動エネルギーが互(たが)いに移り変わっている。

Rでは，P，Sの位置エネルギーが全て運動エネルギーに移り変わっている。

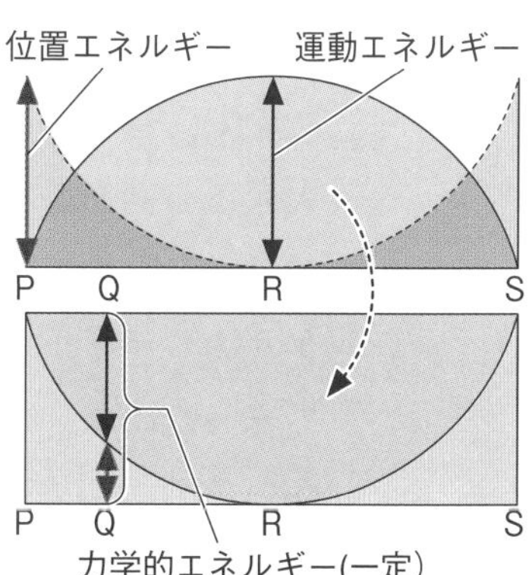

④ エネルギーとその移り変わり

テーマ　エネルギーの移り変わり

教科書のまとめ

□いろいろなエネルギー	▶エネルギーにはいろいろな種類があり，互いに移り変わることができる。エネルギーの単位は，ジュール(記号J)である。 ① 弾性エネルギー…変形した物体がもつエネルギー ② 電気エネルギー…電気がもつエネルギー ③ 熱エネルギー…熱がもつエネルギー ④ 光エネルギー…光がもつエネルギー ⑤ 音エネルギー…音の波がもつエネルギー ⑥ 化学エネルギー…物質がもつエネルギー ⑦ 核エネルギー…原子核から発生するエネルギー

教科書 p.69

話し合おう

教科書p.69のⓐ～ⓓでは，何エネルギーが何エネルギーに移り変わっているか，考えよう。

話し合おうのまとめ

ⓐ～ⓓでは，次のようにエネルギーが移り変わったと考えられる。

ⓐ風を送るとモーターが回転して発電し，その電気で発光ダイオードが点灯したので，運動エネルギー→電気エネルギー→光エネルギーと移り変わった。

ⓑ火起こし器を動かすと，木の棒と板の摩擦によって熱が発生し，その熱によって発火したので，運動エネルギー→熱エネルギーと移り変わった。

ⓒケミカルライトの中の２種類の液体が混ざり，化学変化が起こることによって光ったので，化学エネルギー→光エネルギーと移り変わった。

ⓓかいろの中の鉄が，空気中の酸素と結びついて酸化鉄になるとき，熱を発生したので，化学エネルギー→熱エネルギーと移り変わった。

やってみよう

いろいろなエネルギーの移り変わりを調べてみよう

A ゴムを使った実験
発熱ハンマーで床を数十回たたき，たたく前と後のゴムの温度変化を調べる。

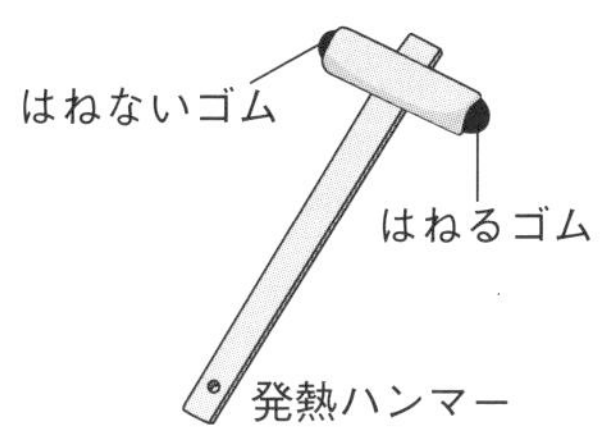

B 形状記憶合金を使った実験
湯に入れるともとの形に戻る形状記憶合金でつくった輪を滑車(プーリー)に掛け，湯につける。
⇨1，2

C 発光ダイオードを使った実験
❶ 発光ダイオードに電流を流す。
⇨3

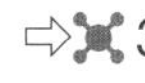

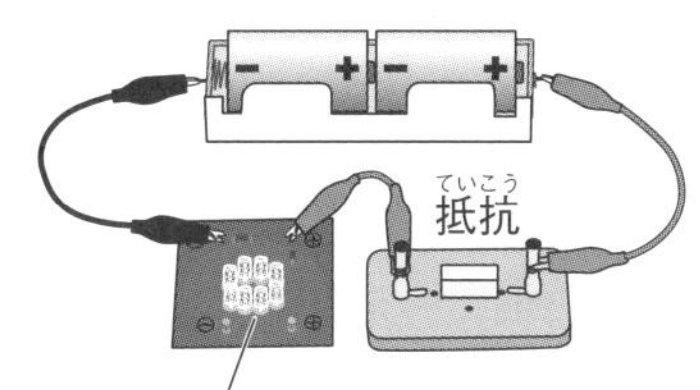

❷ 発光ダイオードに光を当てる。

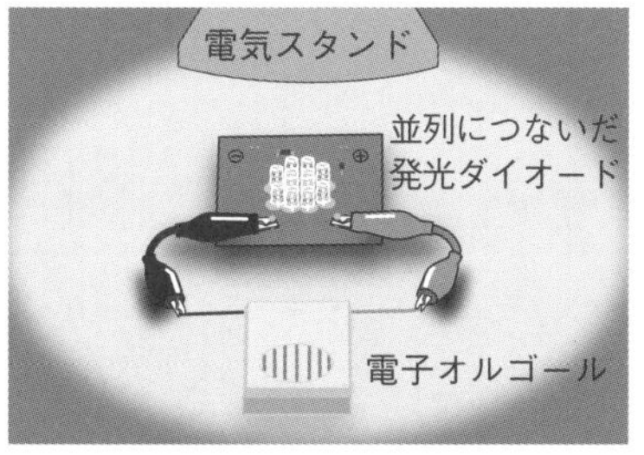

D ペルチェ素子を使った実験
❶ ペルチェ素子に電流を流して，両面の温度変化を調べる。

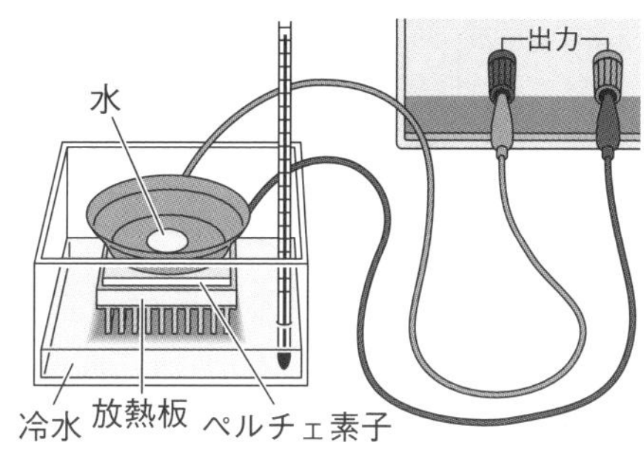

❷ 氷水と湯で，ペルチェ素子の両面の温度に差をつくり，モーターにつなぐ。

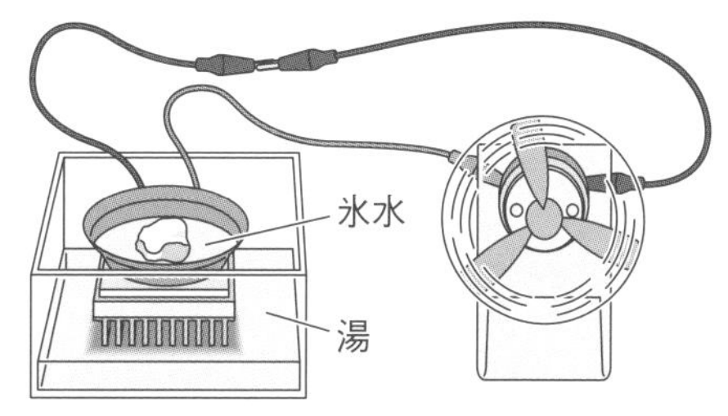

1 注意 やけどに注意する。
2 注意 輪が切れると危ないので，顔を近づけない。
3 注意 発光ダイオードに電流が流れ過ぎるのを防ぐため，発光ダイオードと直列に抵抗を入れる。

やってみようのまとめ

A　発熱ハンマーで床を数十回たたいたとき，たたく前のゴムの温度と比べて，たたいた後のゴムの温度は上がった。
…運動エネルギー→熱エネルギーに移り変わった。

B　形状記憶合金でつくった輪が，湯に入れるともとの形に戻ろうとし，滑車が引っ張られて回った。
…熱エネルギー→運動エネルギーに移り変わった。

C　❶並列につないだ発光ダイオードに電流を流すと，発光ダイオードが点灯した。
…電気エネルギー→光エネルギーに移り変わった。
❷発光ダイオードに光を当てると，電流が流れて，電子オルゴールが鳴った。
…光エネルギー→電気エネルギー→音エネルギーに移り変わった。

D　❶ペルチェ素子に電流を流すと，下の面の冷水は温度が上がり，上の面の水は温度が下がって氷になった。
…電気エネルギー→熱エネルギーに移り変わった。
❷氷水と湯で，上の面と下の面の温度に差をつくったペルチェ素子にモーターをつなぐと，温度の差によって電流が流れ，モーターが回った。
…熱エネルギー→電気エネルギー→運動エネルギーに移り変わった。

⑤ エネルギーの保存

テーマ　エネルギー変換効率　エネルギーの保存

教科書のまとめ

□エネルギー変換効率(へんかんこうりつ)
▶消費したエネルギーに対する，利用できるエネルギーの割合。

→ やってみよう

参考
白熱電球は，消費する電気エネルギーのほとんどが熱エネルギーとして失われる。

□エネルギーの保存
▶エネルギーが移り変わる前後で，エネルギーの総量は常に一定に保たれる。

教科書 p.72 やってみよう

エネルギーが全て移り変わるか調べてみよう

❶ 2個の手回し発電機AとBを図のようにつなぎ，Aを10回転させたとき，Bが何回転するか調べる。

❷ Aを回転させる速さを変えるとBの回転数がどうなるか，調べる。

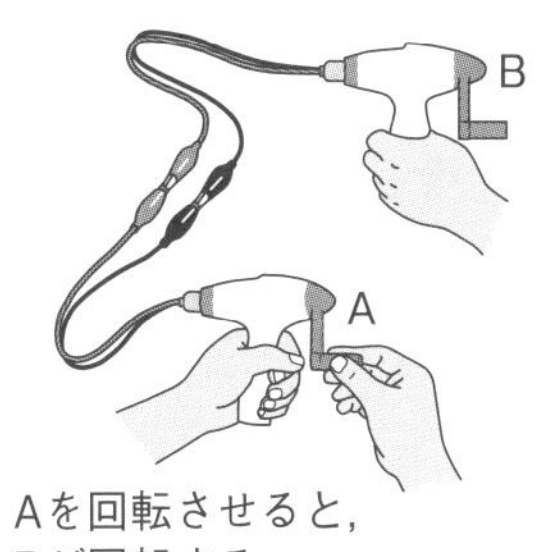

Aを回転させると，Bが回転する。

やってみようのまとめ

❶ Aを回転させると，Aの運動エネルギーが電気エネルギーに移り変わり，さらにBの運動エネルギーに移り変わる。このときに，音や熱などとしてエネルギーが逃(に)げる。そのため，Aを10回転させたとき，Bの回転数は10回より小さくなる。

❷ Aを速く回転させるとBの回転数は増え，Aを遅く回転させるとBの回転数は減る。ただし，Aを速く回転させても遅く回転させても，Aの回転数よりもBの回転数の方が小さくなる。

❻ 熱エネルギーとその利用

熱の伝わり方　　熱エネルギーの利用

教科書のまとめ

□熱の伝わり方	▶熱には次の３つの伝わり方がある。 ①　伝導(熱伝導)…高温の部分から低温の部分に熱が移動して伝わる現象。物体そのものは移動しない。 ②　対流…液体や気体の移動によって熱が伝わる現象。 ③　放射(熱放射)…物体の熱が赤外線などの光として放出される現象。離れた物体間では放射によって熱が伝わる。 **参考** 赤外線は，目には見えないが光の一種である。
□熱エネルギーの利用	▶伝導や放射によって逃げる熱を減らすと，効率的に利用できる。

教科書 p.75 話し合おう

教科書p.75のⓐとⓑを見て，熱エネルギーを利用する上でどのような工夫がされているか考えよう。

話し合おうのまとめ

ⓐ赤外線カメラで撮影したコップのようすから，発泡ポリスチレンのコップの方が熱を伝えにくいことがわかる。熱が逃げにくくなるので，紙コップを使うよりも発泡ポリスチレンのコップを使った方が，中の湯が冷めにくい。

ⓑ部屋の下の方にたまる空気を送風機で上へ移動させ，空気を対流させることで部屋全体を効率的に冷やしている。

Science Press 発展

熱エネルギーの正体

水蒸気中では，水の分子が自由に飛び回っている。高温にした水蒸気では，熱エネルギーをもらった分子は激しく運動する。高温では，低温のときに比べて，分子は速く運動するため，分子のもつ運動エネルギーは大きくなる。このように，熱エネルギーの正体は，分子の運動エネルギーである。

教科書 p.75

章末問題

①10Nの力で50秒間に物体を２m動かした。この仕事の大きさと仕事率を答えなさい。

②仕事の原理とは何か説明しなさい。

③エネルギーとは何か説明しなさい。

④エネルギーには，どのような種類があるか。

⑤エネルギーが移り変わる前後で，エネルギーの総量はどのようになるか。

①20J，0.4W

②道具を使って物体を動かす力を小さくしても，動かす距離が長くなるため，仕事の大きさは道具を使わないときと変わらないこと。

③仕事をする能力

④(例)位置エネルギー，運動エネルギー，弾性エネルギー，電気エネルギー，熱エネルギー

⑤エネルギーが移り変わる前後で変わらない。

①仕事〔J〕＝10N×２m＝20J

仕事率〔W〕＝20J÷50s＝0.4W

③仕事をする能力のことをエネルギーといい，仕事をする能力がある物体を，エネルギーをもっているという。

⑤エネルギーが移り変わる前後で，エネルギーの総量は常に一定に保たれる。これを，エネルギーの保存という。

テスト対策問題

解答は巻末にあります。

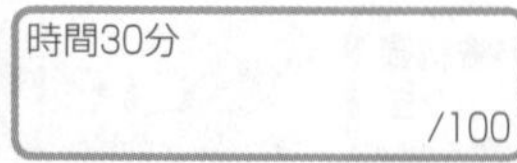

1 右の図のように，水平な机の上に置いた質量400gの物体を，Aの位置からBの位置までばねばかりでゆっくり引いたとき，ばねばかりの目盛りは1.5Nを示していた。次の問いに答えよ。ただし，100gの物体にはたらく重力の大きさを１Nとする。

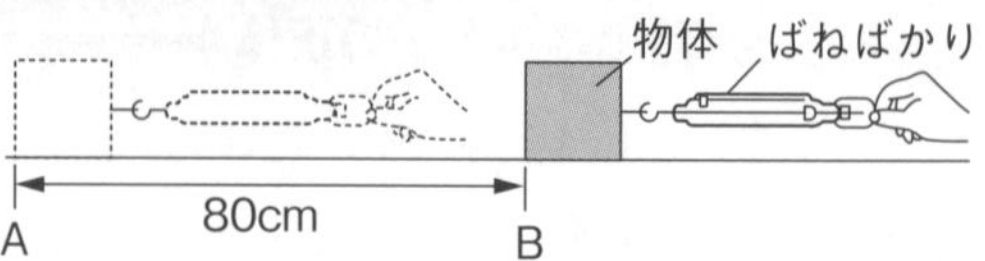

10点×2(20点)

(1) このとき，摩擦力に逆らってした仕事は何Jか。 (　　　　)

(2) AからBまで２秒かかったときの仕事率は何Wか。 (　　　　)

2 右の図のように，動滑車と定滑車で質量500gのおもりをゆっくりと引き上げた。100gの物体にはたらく重力を１N，滑車と糸の質量や摩擦は考えないものとし，次の問いに答えよ。

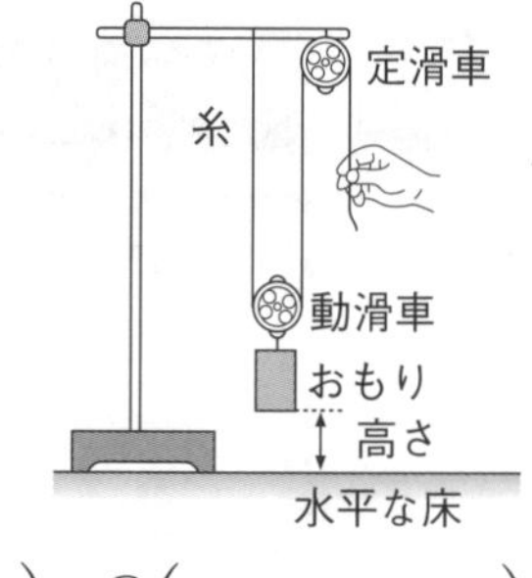

10点×3(30点)

(1) おもりを引き上げているとき，手が糸を引く力は何Nか。 (　　　　)

(2) 次の文の(　)にあてはまる数値を書け。 ①(　　　　) ②(　　　　)

手が糸を(①)cm引くと，おもりの高さは10cmから40cmに引き上げられた。このとき，手がおもりにした仕事は(②)Jである。

3 右の図のように，おもりをAの位置から静かに離すと，おもりはEの位置まで振れた。Cの位置を基準面とし，次の問いに答えよ。

10点×2(20点)

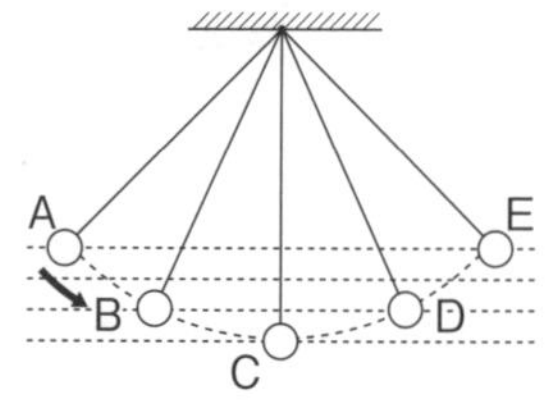

点線(………)は等間隔の水平線を表す。

(1) Aの位置でおもりがもつ位置エネルギーと同じ大きさの運動エネルギーをもつのは，B〜Eのどの位置か。 (　　)

(2) Bの位置で大きいのは，位置エネルギーと運動エネルギーのどちらか。 (　　　　)

4 ほぼ同じ明るさの白熱電球とLED電球を点灯して十分に時間が経過してから，それぞれの表面温度を測定した。表は，その結果とそれぞれの消費電力をまとめたものである。次の文の(　)にあてはまる語句を答えよ。

	表面温度	消費電力
白熱電球	120℃	60W
LED電球	41℃	11W

10点×3(30点)

①(　　　　) ②(　　　　) ③(　　　　)

LED電球は，白熱電球に比べて，(①)が(②)に変換される割合が低く，(③)に効率よく変換されているので，少ない消費電力で同じ明るさを得ることができる。

単元1 運動とエネルギー

探究活動 課題を見つけて探究しよう

エネルギー変換効率を調べよう

テーマ　エネルギー変換効率

教科書のまとめ

□プーリーつき手回し発電機
▶おもりが落下すると，プーリーが回って手回し発電機が回る。

参考
教科書p.76の図の装置では，落下するおもりが豆電球を光らせている。

□エネルギーの大きさ
▶物体がもっているエネルギーの大きさは，他の物体にすることができる仕事の大きさで表せる。

□電力量
▶電気を使ったときに消費した電気エネルギーの量。

□エネルギー変換効率
▶消費したエネルギーに対する，利用できるエネルギーの割合。教科書p.76の図の装置では，

$$変換効率=\frac{電気エネルギー[J]}{位置エネルギー[J]}\times 100$$

教科書p.76 やってみよう

手回し発電機を使って豆電球を光らせ，エネルギー変換効率を調べる

❶ 教科書p.76の図のように，実験装置を用意する。
❷ 落下するおもりのもっている位置エネルギーを求める。
❸ 豆電球が消費した電気エネルギーの量を求める。
❹ ❷，❸からエネルギー変換効率を求める。
❺ ❷～❹を何回か繰り返す。
❻ 変換効率をよくする方法を考える。

やってみようのまとめ

・落下するおもりのもつ位置エネルギーの大きさは，おもりをその高さまで持ち上げるのに必要な仕事の大きさで表すことができる。
仕事〔J〕＝おもりを持ち上げる力〔N〕×おもりを動かした距離〔m〕
・豆電球が消費した電気エネルギーの大きさは，電力量で表すことができる。
電力量〔J〕＝電力〔W〕×点灯した時間〔s〕
・エネルギー変換効率は，位置エネルギーと電気エネルギーから求めることができる。

$$変換効率=\frac{電気エネルギー〔J〕}{位置エネルギー〔J〕}\times 100$$

・エネルギー変換効率は100%にならない。
・変換効率をよくするには，逃げてしまうエネルギーを少なくする工夫が必要である。

教科書 p.77

Science Press

火力発電のエネルギー変換効率

火力発電のエネルギー変換効率は，熱エネルギーを電気エネルギーに変換する熱効率で示される。熱効率が高いほど，使用する燃料は少なくてすむ。

近年はガスタービンと蒸気タービンを組み合わせることによって，発電時に逃げた熱を再び発電に使う技術が利用されている。これによって，熱効率が向上してきており，最新の日本の火力発電には，熱効率が世界最高水準の60%以上のものがある。

単元末問題

1 力の合成

2つの力A，Bが点Oに加わっている。それぞれの合力を作図によって求めなさい。ただし，力Aは1N，力Bは2Nであるとする。

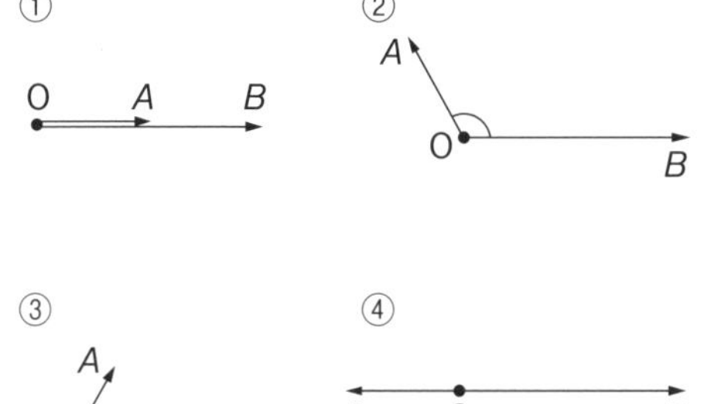

解答

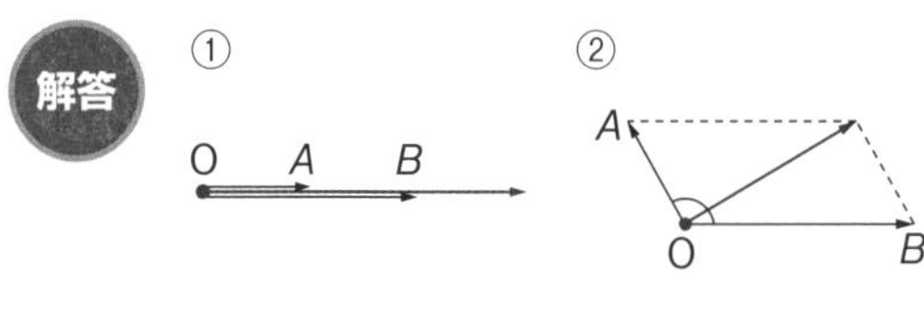

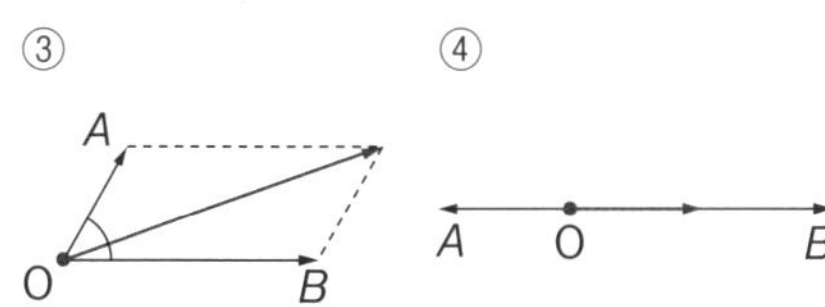

考え方 一直線上にある2つの力の合力は，①のように力の向きが同じときは力Aと力Bの和，④のように力の向きが反対のときは力Aと力Bの差となり，合力の向きは力が大きい方と同じになる。

向きがちがう2つの力の合力は，力Aと力Bを2辺とする平行四辺形の対角線で表せる。

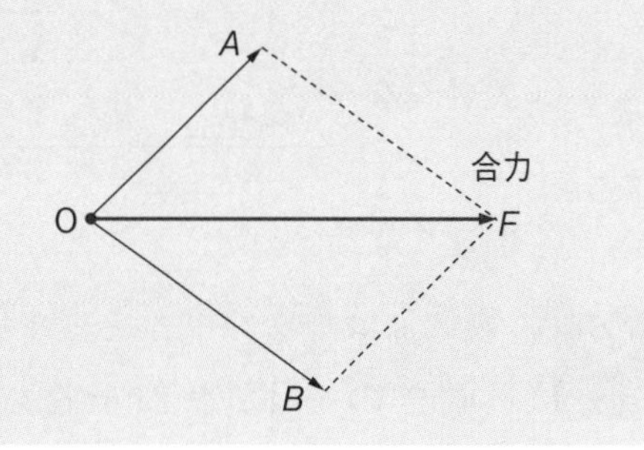

2 斜面上の物体にはたらく力

質量200gの物体を角度が30°の斜面に置いた。次の問いに答えなさい。

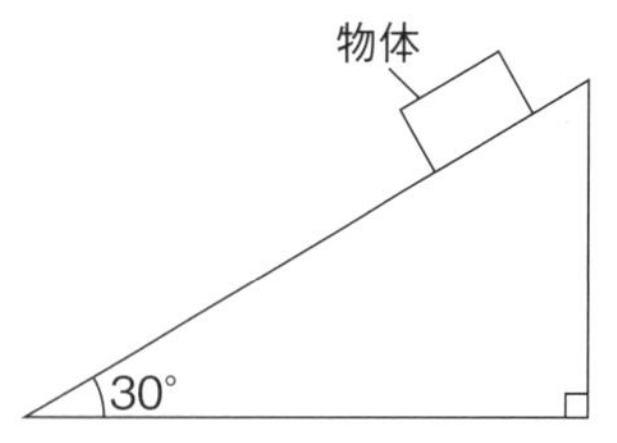

①物体にはたらく斜面に平行な力の大きさを，作図して求めなさい。ただし，100gの物体にはたらく重力の大きさを1Nとし，1Nの力を1cmの矢印で表すものとする。

②物体を斜面の下の方に置くと，物体にはたらく斜面に平行な力の大きさはどうなるか。

③斜面の傾きを大きくすると，物体にはたらく斜面に平行な力の大きさはどうなるか。

④斜面の傾きを大きくすると，物体に加わる垂直抗力の大きさはどうなるか。

解答
①1N
②変わらない。
③大きくなる。
④小さくなる。

考え方 ①物体にはたらく重力を表す矢印(下向きの矢印)は2cmである。図から，斜面に平行な力の矢印は1cmとわかるので，1Nと求められる。
②同じ斜面上では，どこにあっても重力の斜面に平行な分力，斜面に垂直な分力の大きさは変わらない。
③，④斜面の傾きを大きくすると，重力の斜面に平行な分力は大きくなり，斜面に垂直な分力は小さくなる。そのため，物体に加わる垂直抗力の大きさは小さくなる。

3 浮力

60gの物体を完全に水中に入れたとき，ばねばかりの目盛りは0.4Nだった。次の問いに答えなさい。ただし，100gの物体にはたらく重力を1Nとする。

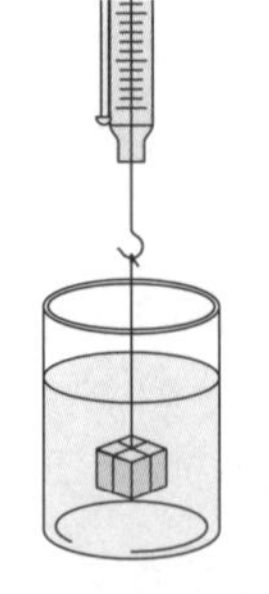

①この物体に加わる浮力の大きさは何Nか。
②この物体をさらに深く沈めたとき，浮力の大きさは①と比べてどうなるか。
③浮力が加わる理由について，水圧をもとに簡単に説明しなさい。

解答
①0.2N
②変わらない。
③水中の物体に加わる水圧が，物体の底面の方が上面より大きいから。

考え方 ①浮力は，物体にはたらく重力の大きさから，水中に入れたときのばねばかりが示す値を引くと求められる。物体にはたらく重力の大きさは0.6N，水中に入れたときのばねばかりが示す値は0.4Nだから，0.6N－0.4N＝0.2N
②物体が完全に水中にある場合，浮力の大きさは深さに関係しない。

4 水圧

図のような装置を使って，水中で水圧がどのように加わるか調べる実験を行った。次の問いに答えなさい。

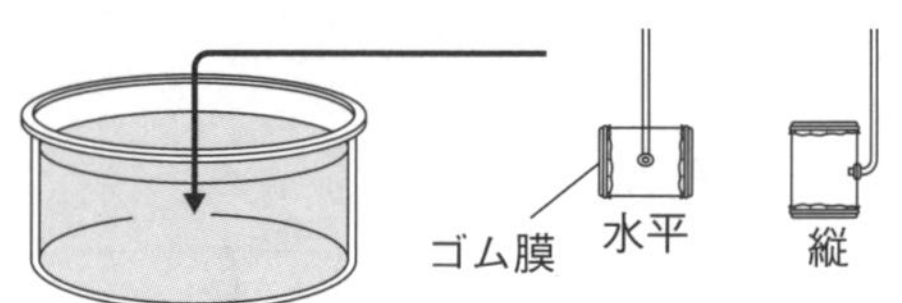

①装置を水平にして水中に入れた。ゴム膜はどのような形になるか。次のア～ウから選びなさい。

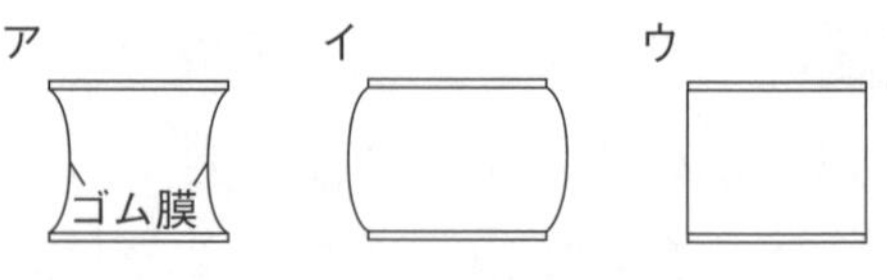

②装置を縦にして水中に入れた。ゴム膜はどのような形になるか。次のア～ウから選びなさい。

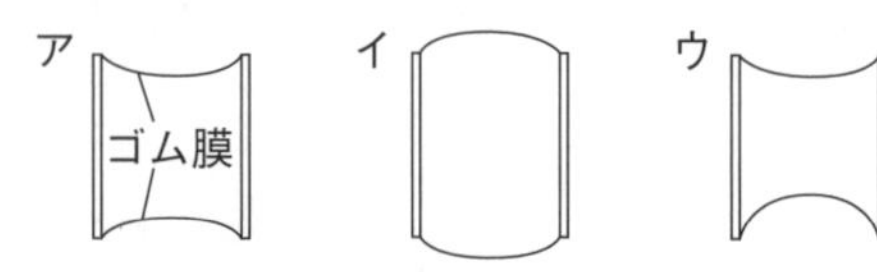

①ア
②ウ

考え方 ①装置を水平にして水中に入れたので，左右のゴム膜は同じ深さにある。したがって，左右のゴム膜は同じ大きさの水圧を受けて，同じようにへこむ。
②装置を縦にして水中に入れたので，下のゴム膜は上のゴム膜よりも深いところにある。深い方が水圧が大きいので，ゴム膜のへこみ方が大きい。

5 速さと時間

15km離れた公園に行くため，午後２時にバスに乗った。このとき，公園に到着したのは午後２時45分だった。次の問いに答えなさい。

①バスの平均の速さは何km/hか。
②午後２時に自転車に乗って同じ道のりで公園に出かけた。自転車の速さを12km/hとすると，公園に着くのは何時何分か。

①20km/h
②午後３時15分

①平均の速さは次のように求める。

$$速さ=\frac{移動した距離}{移動にかかった時間}$$

45分は$\frac{45}{60}$時間なので，

$15km\div\frac{45}{60}h=20km/h$

②時間=距離÷速さ　で求める。

$15km\div12km/h=\frac{5}{4}h=1\frac{1}{4}h$

１時間は60分なので，$\frac{1}{4}$時間は15分で，公園には１時間15分後に着く。

6 斜面を下る台車の運動

１秒間に50回打点する記録タイマーを使って，図１のような斜面を下る台車の運動を調べ，図２のように紙テープを５打点ごとに貼りつけた。次の問いに答えなさい。

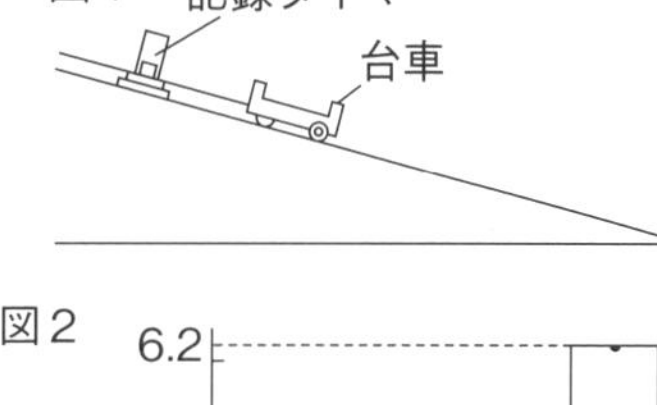

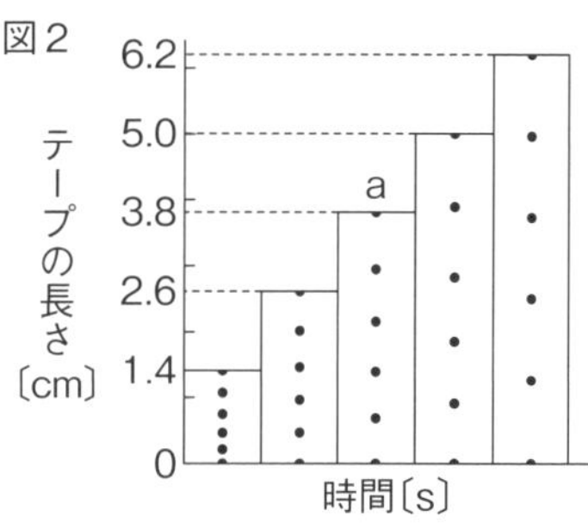

①５打点分の紙テープの長さは，何秒間の移動距離を表すか。
②aのテープを記録している間の台車の平均の速さは何cm/sか。
③台車が斜面を下っているとき，台車には斜面に平行な力がはたらいている。斜面を下っていくと，この力の大きさはどのようになるか。
④斜面の傾きを大きくすると，台車の速さの増え方はどのようになるか。

①0.1秒間
②38cm/s
③変わらない。
④大きくなる。

考え方 ①1秒間に50回打点するので，1打点する時間は$\frac{1}{50}$秒。5打点では$\frac{1}{50}$秒×5＝$\frac{1}{10}$秒＝0.1秒になり，5打点ごとの紙テープの長さは，0.1秒間の移動距離を表している。
②0.1秒間の移動距離が3.8cmである。

平均の速さ＝$\frac{3.8\text{cm}}{0.1\text{s}}$＝38cm/s

③台車にはたらいている斜面に平行な力は重力の分力なので，斜面上のどの位置でも同じ大きさである。

④斜面の傾きを大きくすると，重力の斜面に平行な分力が大きくなるので，台車の速さの増え方も大きくなる。

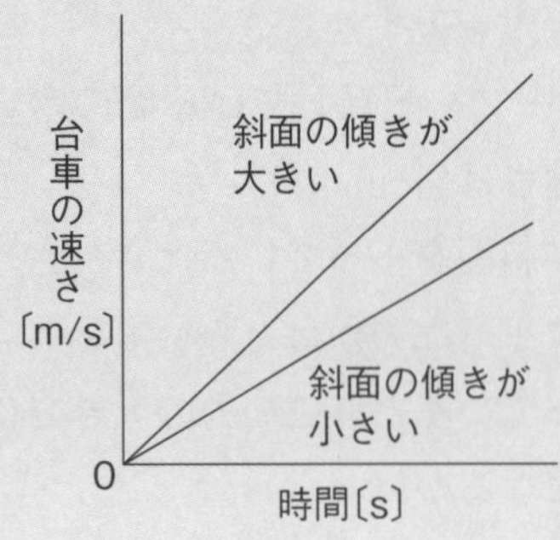

7 等速直線運動

等速直線運動をする自動車の時間と移動距離を調べたところ，図のようなグラフになった。次の問いに答えなさい。

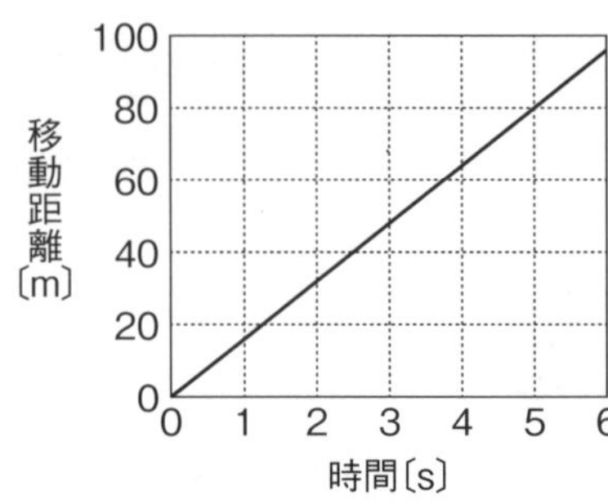

①この自動車の速さは何m/sか。
②この自動車の12秒後の移動距離はいくらか。
③この自動車の時間と速さの関係を表したグラフはどれか，次のア〜エより選びなさい。

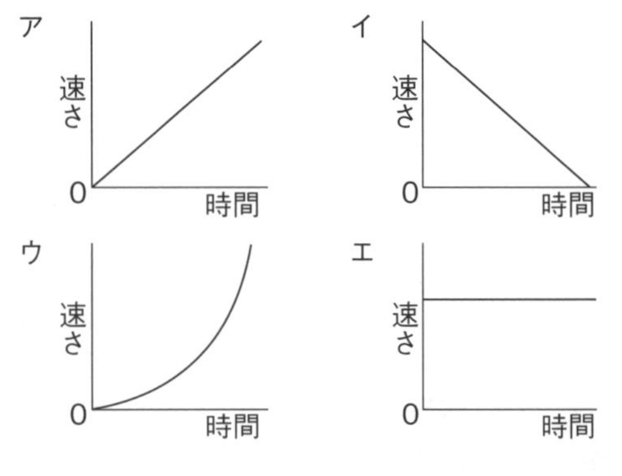

①16m/s
②192m
③エ

①速さ=距離÷時間　より，
80m÷5s=16m/s
②移動距離=速さ×時間　より，
16m/s×12s=192m

③等速直線運動は，速さが一定で一直線上を進む運動なので，時間と速さの関係を表したグラフは横軸に平行な直線になる。また，移動距離はかかった時間に比例するので，時間と移動距離の関係を表したグラフは原点を通る直線になる。

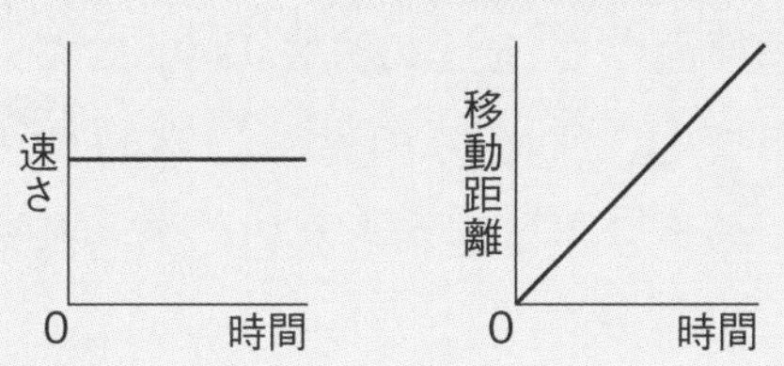

8 仕事

仕事について，次の問いに答えなさい。ただし，100gの物体にはたらく重力の大きさを1Nとし，滑車とひもの質量や摩擦は考えないものとする。

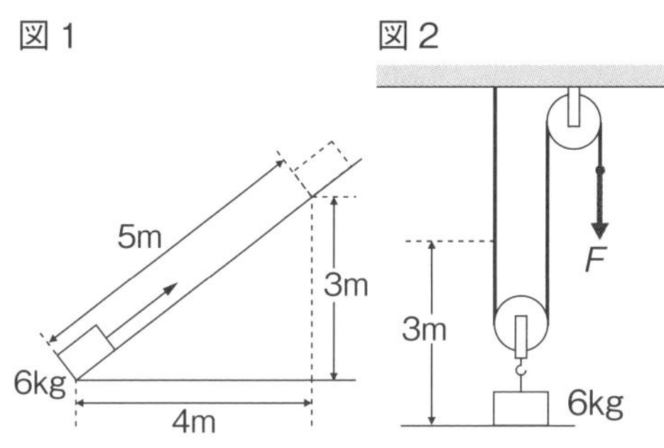

①図1で，質量6kgの物体を斜面に沿って5m引き上げたときの仕事を求めなさい。ただし，物体と斜面との摩擦は考えないものとする。

②図1で，この仕事を30秒間で行った。このときの仕事率を求めなさい。

③図2で，質量6kgの物体を3m引き上げるのに必要な力Fの大きさと仕事を求めなさい。

④図2で，この仕事を20秒間で行った。このときの仕事率を求めなさい。

解答
①180J
②6W
③30N，180J
④9W

考え方 ①仕事〔J〕は，加えた力の大きさ〔N〕と力の向きに動かした距離〔m〕との積で求められる。

動滑車や斜面やてこなどを使うと，直接引き上げるときよりも力の大きさは小さくなるが，動かす距離が長くなるので，仕事の大きさは変わらない。このことを仕事の原理という。

6kgの物体にはたらく重力の大きさは60Nである。その物体を斜面に沿って5m引き上げると，3mの高さまで引き上げられるので，仕事の原理より，

60N×3m=180J

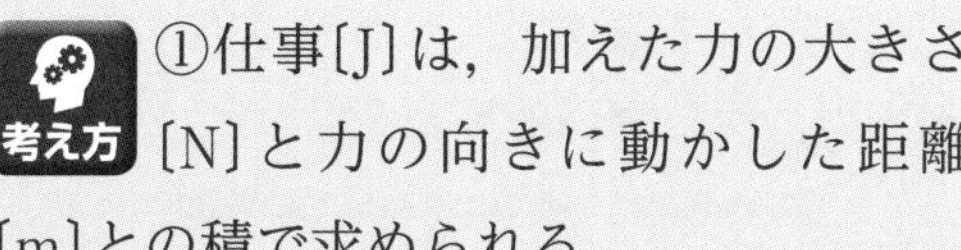

②仕事率〔W〕$=\dfrac{\text{仕事〔J〕}}{\text{仕事に要した時間〔s〕}}$

より，$\dfrac{180\text{J}}{30\text{s}}=6\text{ W}$

③動滑車を使うと，2本のひもに力が分散されるので，引き上げるのに必要な力の大きさは60Nの$\dfrac{1}{2}$倍の30Nになり，ひもを引く距離は，引き上げる距離の2倍の6mになる。仕事は，

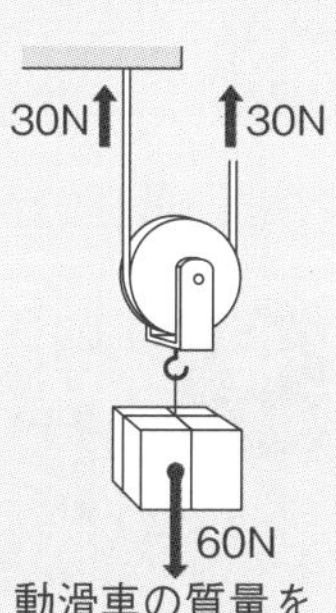

動滑車の質量を0として考える。

30N×6m=180J

仕事の原理より，60N×3m=180J

として求めてもよい。

④ $\frac{180\text{J}}{20\text{s}} = 9\text{ W}$

9 力学的エネルギー

図のような振り子で，おもりを点Aまで持ち上げて離すと，おもりは点Dまで上がった。次の問いに答えなさい。

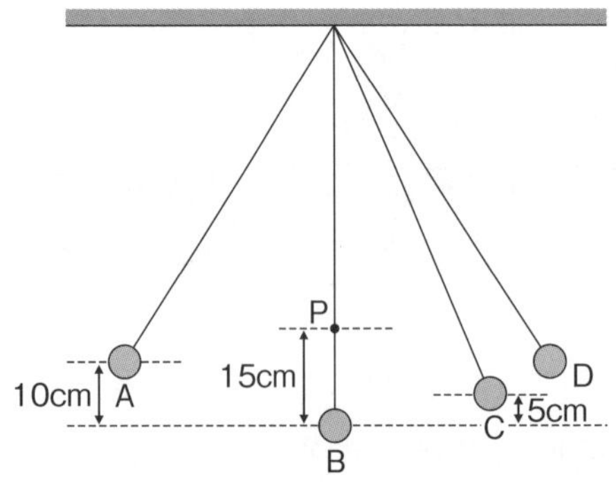

①運動エネルギー，位置エネルギーが最大になっているのは，それぞれおもりがどの点にあるときか。

②点Pにくいをさした。点Aで離したおもりは，点Bの高さから何cmまで上がるか。

解答 ①運動エネルギー…B
位置エネルギー…A，D
②10cm

①振り子のおもりがもつ位置エネルギーと運動エネルギーは互いに移り変わる。おもりの位置が最も高い点Aのとき，位置エネルギーは最大で，運動エネルギーは0Jである。

おもりの位置が最も低い点Bのとき，位置エネルギーは最小で，おもりの速さは最も速く，運動エネルギーは最大である。

点Cのときは運動エネルギーの大きさと位置エネルギーの大きさが半分ずつで，点Dで再び位置エネルギーは最大になる。点Dは，基準面からの高さが点Aと同じ10cmである。

②基準面から15cmの高さの点Pにくいをさしても，おもりのもつ力学的エネルギーの大きさは変わらないので，基準面から10cmの高さまでしか上がらない。

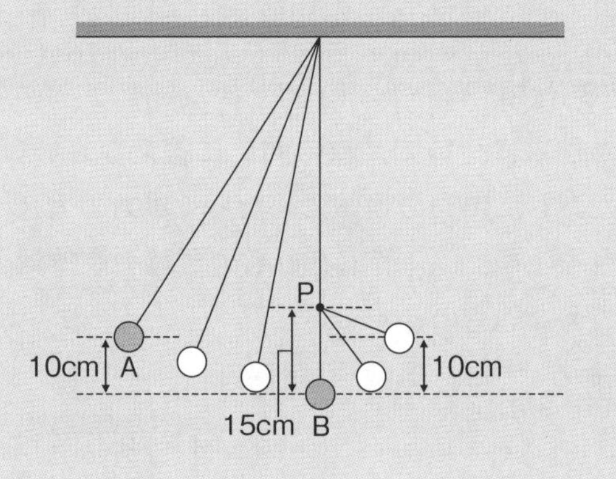

10 エネルギーの移り変わり

次のア～エに示したエネルギーの移り変わりにあてはまる具体例を答えなさい。

ア運動エネルギー → 熱エネルギー
イ電気エネルギー → 光エネルギー
ウ化学エネルギー → 熱エネルギー
エ運動エネルギー → 音エネルギー

(例)ア：火起こし器
イ：電球
ウ：かいろ
エ：オルゴール

エネルギーには，力学的エネルギー(位置エネルギー・運動エネルギー)，弾性エネルギー，電気エネルギー，熱エネルギー，光エネルギー，化学エネルギー，音エネルギー，核エネルギーなどがあり，互いに移り変わることができる。エネルギーは，互いに移り変わっても，その総量は常に一定に保たれる。このことをエネルギーの保存という。

ア火起こし器を回転させたときの摩擦によって熱が発生する。イ電球に電流を流すと光る。ウかいろは，中の鉄と空気中の酸素が化学変化(酸化)するときに発生する熱を利用している。

エねじを回したオルゴールのねじが戻る力を利用して音が鳴っている。

読解力問題

❶ 斜面を下る運動

解答

①等速直線運動

②重力と，それにつり合う垂直抗力を受けているが，運動の向きに力は受けていない。

③小さくなる。

④ウ

⑤図１，(例)図１の方が，ａにあるときの位置エネルギーが図２より大きく，ｃでの運動エネルギーも大きいため。

考え方

①図２から，金属球がbの位置を過ぎてからは，速さが一定であることがわかる。速さが一定で一直線上を進む運動を等速直線運動という。

②重力と垂直抗力を受けているが，合力が０Nである。

③重力の斜面に平行な分力は，斜面の傾きが大きいほど大きい。

④図３は，重力の斜面に平行な分力が図１よりも小さいため，速さが小さくなる。

⑤斜面の長さが同じとき，斜面の角度が大きいほど，aで金属球がもつ位置エネルギーが大きくなる。力学的エネルギーの保存より，cで金属球がもつ運動エネルギーも大きくなり，木片の移動距離が長くなる。

② コースターの運動

①力学的エネルギー

②位置エネルギー：a　運動エネルギー：a

③小さくなっている。

④変わらない。

⑤動いている。

考え方 ②図２の最も高い位置にあるとき，位置エネルギーは最大になる。位置エネルギーが最大のとき，運動エネルギーは０Ｊになる。

③dの位置はaの位置よりも低いので，dの位置のとき，位置エネルギーの大きさはaのときより小さい。

④摩擦力や空気抵抗などがなければ，力学的エネルギーは保存される。

⑤dの位置では，aの位置での位置エネルギーの一部が運動エネルギーに移り変わっている。

単元2 生命のつながり

1章 生物の成長とふえ方

1 生物の成長と細胞

テーマ　細胞分裂　生物の成長のしくみ　染色体　形質　体細胞分裂

教科書のまとめ

□細胞分裂（さいぼうぶんれつ）
▶1つの細胞が2つの細胞に分かれること。

□生物の成長のしくみ
▶細胞分裂で細胞の数がふえることと，分裂した細胞が大きくなることで，体全体が成長する。

→ 実験

参考
植物では，根の先端（せんたん）に近い部分で細胞分裂が盛（さか）んに起こっている。

□染色体（せんしょくたい）
▶細胞分裂のときに見られるひも状のもの。普段（ふだん）は細胞の核（かく）の中にあり，細胞分裂の段階によって，いろいろな形に変化する。

→ 観察1

□形質（けいしつ）
▶生物のいろいろな特徴（とくちょう）。形質を表すもとになる遺伝子（いでんし）は染色体に存在する。

□複製（ふくせい）
▶細胞分裂の前に，それぞれの染色体と同じものがもう1つずつつくられ，染色体の数が2倍になること。

□体細胞分裂（たいさいぼうぶんれつ）
▶新しくつくられた2つの細胞の核にある染色体の数が，もとの細胞と同じになる細胞分裂。1つの細胞にある染色体の数は，生物の種類によって決まっている。

知識 生物の染色体の数
ソラマメ12本，タマネギ16本，アマガエル24本，イネ24本，アオダイショウ36本，ヒト46本，ジャガイモ48本，チンパンジー48本，ニワトリ78本，アメリカザリガニ200本

実験のガイド

ソラマメの根の成長を調べる実験

❶ 発芽したソラマメの根に等間隔に印をつけて，暗所に置いて成長を続けさせ，観察する。

❷ 成長したソラマメの根を顕微鏡で観察する。

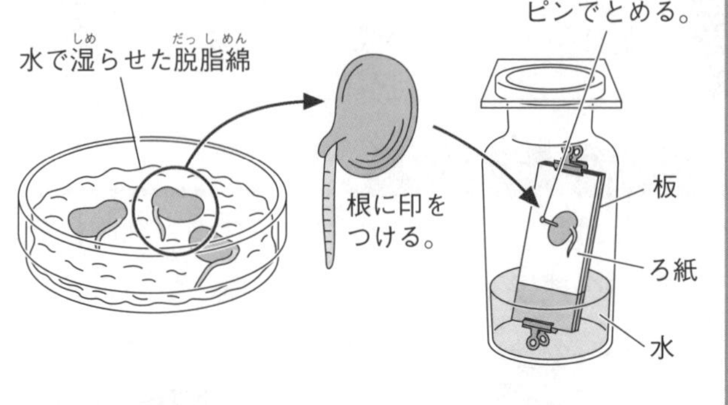

実験のまとめ

❶ 根の先端近くの印と印の間隔だけが広がった。

→根は，先端に近い部分が成長する。

❷ 根の先端から離れた部分の細胞と比べて，根の先端に近い部分の細胞は，同じ範囲に見られる細胞の数が多く，小さいものが多かった。

→細胞分裂は，根の先端に近い部分で盛んに起こっており，２つに分かれた細胞は，もとの細胞より小さい。細胞分裂によって２つに分かれた細胞はしだいに大きくなり，もとの細胞と同じ大きさになる。

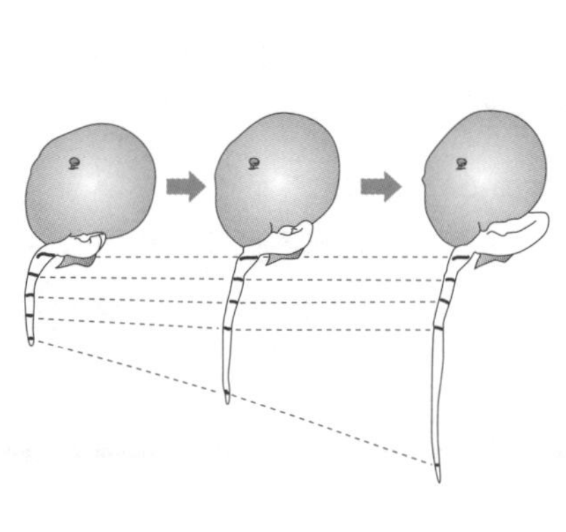

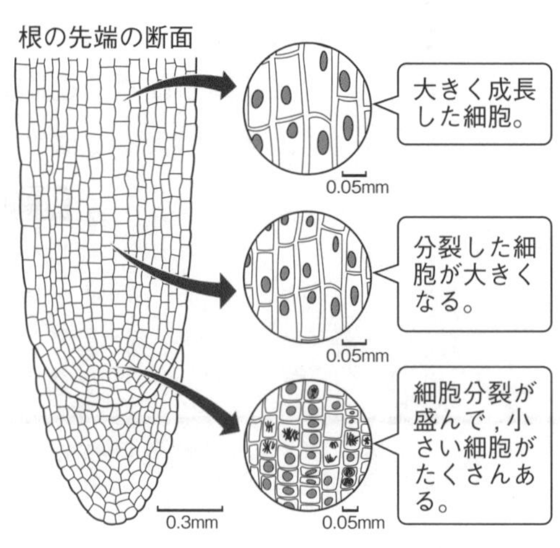

教科書 p.91

観察のガイド

観察1 細胞分裂

❶ タマネギの根を準備する。

湿らせたガーゼを敷いたペトリ皿にタマネギの種子をまき，ふたをする。そのまま暗い場所に３～４日置く。

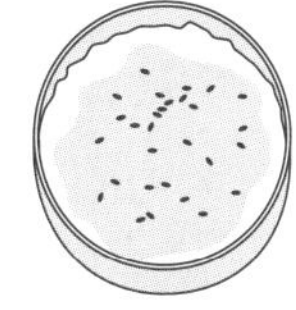

❷ 根をうすい塩酸と染色液の混合液に入れる。

根が５～15mmに成長したタマネギを混合液に入れ，しばらくおく。

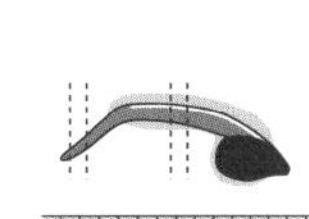

❸ 顕微鏡で観察する。

❷の根の先端部分と，根の先端から離れた部分を，１～２mm柄つき針などで切りとって，スライドガラスにのせる。カバーガラスをかぶせてろ紙をのせ，ずらさないように指の腹で垂直に押しつぶす。つくったプレパラートを顕微鏡で観察する。⇨✖1

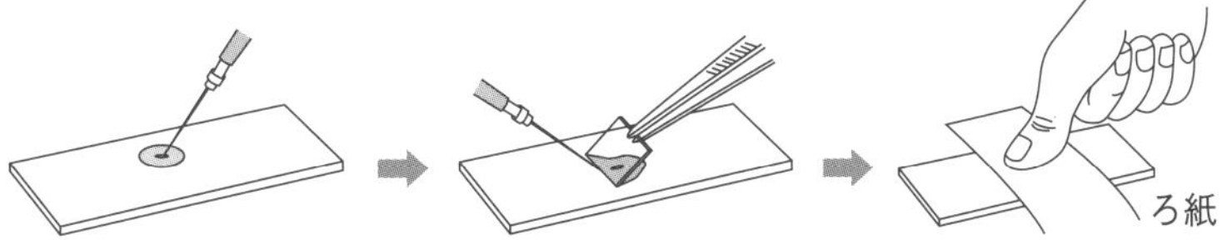

（スライドガラスを２枚使う方法）

①カバーガラスはかぶせずに，スライドガラスを十字になるように置いて，垂直に押しつぶす。⇨✖2

②スライドガラスを剥がし，カバーガラスをかぶせる。

✖1 コツ はじめに100倍でいろいろなようすの細胞を探し，観察対象が決まったら400倍で観察する。

✖2 注意 力を入れすぎると，ガラスが割れて指を傷つけるので注意する。

観察の結果

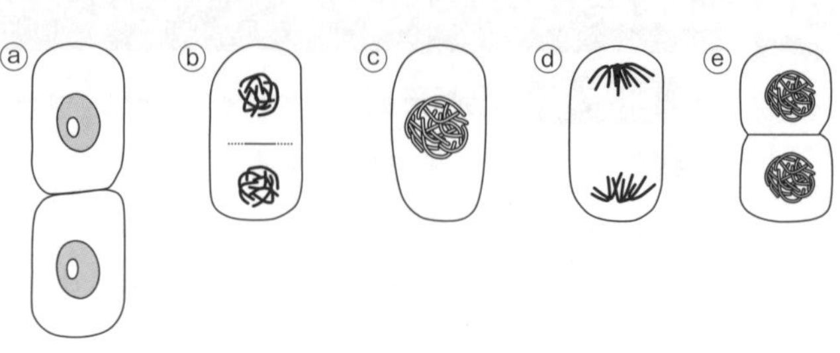

根の先端から離れた部分と比べると，根の先端部分では細胞の中に，ひものようなものや，ひもがかたまりになったものなど，いろいろな形のものが見られた。このひも状のものは，染色体である。

結果から考えよう

根の先端部分と，根の先端から離れた部分の細胞のようすには，どのようなちがいがあると考えられるか。

→根の先端から離れた部分の細胞と比べて，根の先端部分では，大きさのちがう細胞があり，細胞の中にはいろいろなようすの染色体が見られる。根の先端部分では細胞分裂が起こっていると考えられる。

体細胞分裂（植物の細胞）

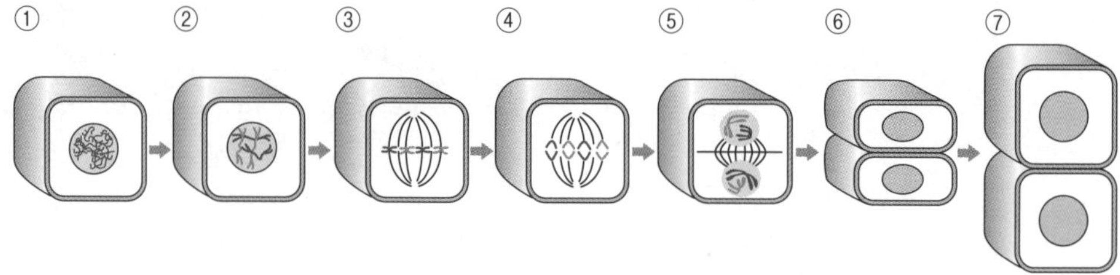

①核に変化が始まる。染色体が複製されるので，染色体の数は２倍になる。
②核の中に染色体が見えてくる。
③染色体が太く短くなって２つに分かれる。
④分かれた染色体は細胞の両端（りょうたん）にそれぞれ移動する。２倍になっていた染色体が半分ずつになる。
⑤細胞の両端に移動した染色体はそれぞれかたまりになる。植物細胞では仕切りができ始める。
⑥染色体のかたまりは核になる。細胞質が２つに分かれ，２つの細胞になる。
⑦一つ一つの細胞が大きくなる。

❷ 生物の子孫の残し方

テーマ　生殖　無性生殖　有性生殖　生殖細胞　発生　減数分裂

教科書のまとめ

□生殖	▶生物が自らと同じ種類の新しい個体(子)をつくること。
□無性生殖	▶体細胞分裂によって新しい個体をつくる生殖。 ① 体が２つに分裂し，新しい個体をつくるもの。 例ゾウリムシ，ミカヅキモ ② 体の一部から芽が出て膨らみ，新しい個体になるもの。 例ヒドラ，出芽酵母 ③ 植物の体の一部から新しい個体ができるもの。これを栄養生殖という。 → やってみよう 例ジャガイモの種いも，チューリップの球根
□有性生殖	▶生殖細胞によって新しい個体をつくる生殖。
□生殖細胞	▶植物の精細胞や卵細胞，動物の精子や卵などの，有性生殖を行う特別な細胞。
□被子植物の有性生殖	▶花粉の中の精細胞により胚珠の中の卵細胞が受精し，受精卵ができる。受精卵は分裂をして胚になり，胚珠全体は種子になる。 → 実験１
□動物の有性生殖	▶雄の精巣でつくられる精子と雌の卵巣でつくられる卵が受精し，新しい１つの細胞として受精卵ができる。受精卵は分裂をして胚になる。 → やってみよう
□発生	▶受精卵が分裂を繰り返して，親と同じような形に成長する過程。
□減数分裂	▶生殖細胞がつくられるときに行われる，特別な細胞分裂。生殖細胞の染色体の数は，もとの細胞の半分になる。生殖細胞が受精すると，受精卵の染色体の数はもとに戻る。

教科書 p.95

やってみよう

セイロンベンケイを育てて，ふえ方を観察してみよう

❶ セイロンベンケイの葉を茎から１枚切りとって，湿った土の上に置く。

❷ 土が乾燥しないように気をつけながら，10日間継続的に観察する。

❸ 新しい芽をとって別に育て，成長を観察する。

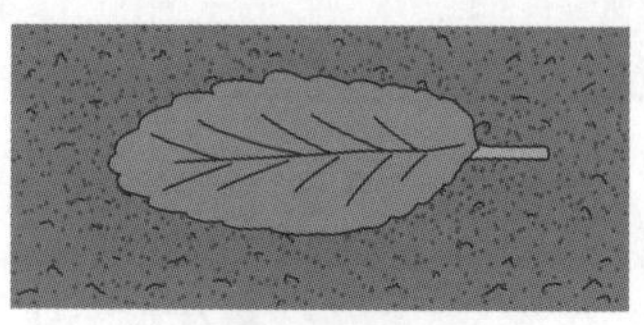

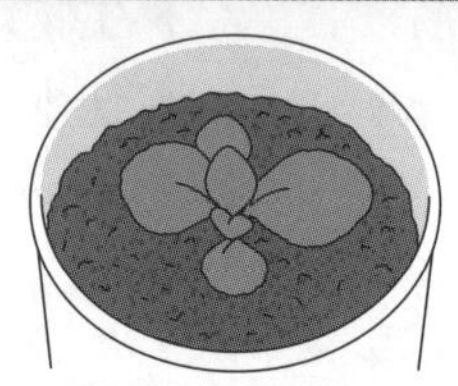

やってみようのまとめ

❷ 葉から新しい芽がたくさん出てきて，新しい根，茎，葉ができた。

❸ 根，茎，葉のある新しい個体になったので，葉の細胞が体細胞分裂をしてふえた無性生殖とわかる。

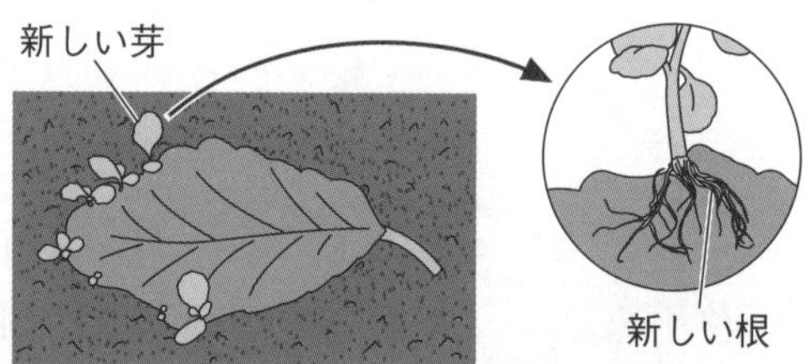

教科書 p.99

実験のガイド

実験１ 受粉した花粉の変化

❶ 柱頭に似た条件をつくる。

ショ糖水溶液をホールスライドガラスに１滴落とす。

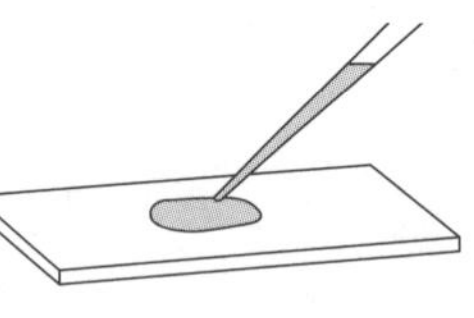

❷ 花粉をのせる。

花粉を筆先につけて，柄つき針でゆすり，密集しないようにショ糖水溶液の上にまく。⇨✖1

❸ 顕微鏡で観察する。

試料が乾かないように，図のようにペトリ皿に入れておく。５分ごとにペトリ皿から出し，100倍程度の倍率で観察する。

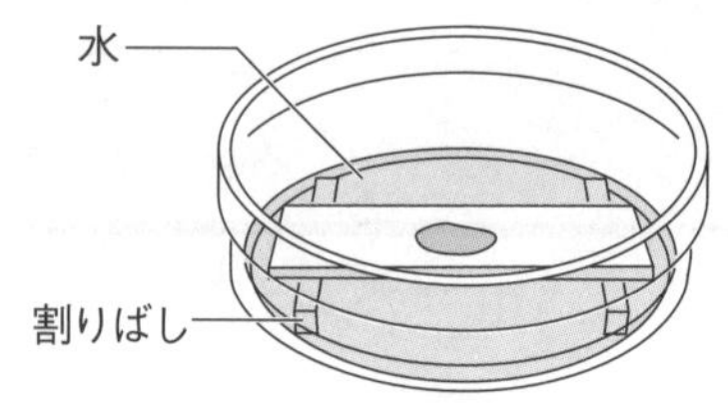

✖1 コツ 花粉が多く見られる若い花を選ぶ。

実験の結果

観察を始めて数分後，花粉から管がのびてきた。

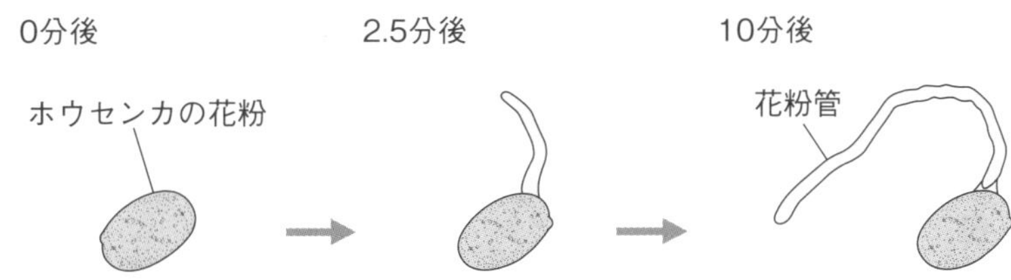

結果から考えよう

観察した花粉の変化のようすから，植物の受粉後，どのようなことが起こると考えられるか。

→花粉は，めしべの柱頭につくと，胚珠に向かって花粉管をのばす。精細胞は花粉管の中を通って，胚珠まで達する。花粉管の中を通ってきた精細胞は，胚珠の中の卵細胞と受精する。このとき，精細胞の核と卵細胞の核が合体して，新しい１つの細胞として受精卵ができる。

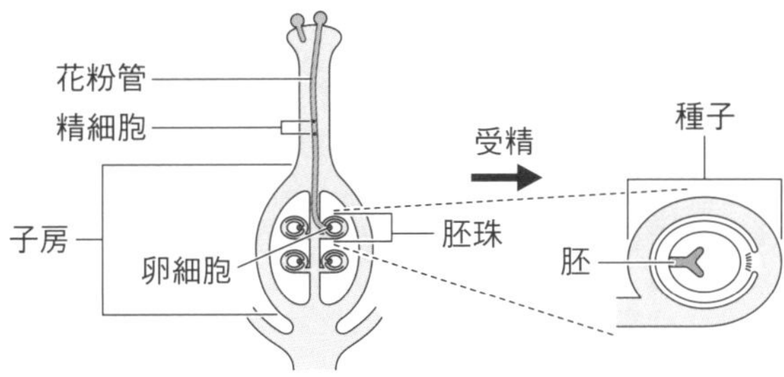

やってみよう

バフンウニの発生を観察してみよう

❶ バフンウニを，人工海水を入れたペトリ皿に口を上にして置く。

❷ 注射器で口のまわりのやわらかいところから10％塩化アセチルコリン溶液を1mL注入して，産卵（さんらん），放精（ほうせい）させる。卵と精子から雌雄（しゆう）を判別する。⇨✖1

❸ 雌は人工海水を入れたビーカーに置き，産卵させる。雄はペトリ皿にそのまま置き，放精させる。

❹ 卵は新しい人工海水を入れたペトリ皿に入れる。精子はこまごめピペットで1滴とって別のペトリ皿に入れ，人工海水50mLを加えて素早（すばや）くかき混ぜる。

❺ 精子を加えた人工海水を卵の入ったペトリ皿に入れて受精させ，1時間後に顕微鏡で分裂のようすを観察する。その後も数時間おきに観察する。

✖1 注意 注射器の針でけがをしないように注意する。

やってみようのまとめ

受精後約2時間で細胞分裂が始まり，細胞分裂を繰り返して細胞の数がふえ，その間に，形やはたらきのちがう部分に分かれて，親と同じような形に成長する。

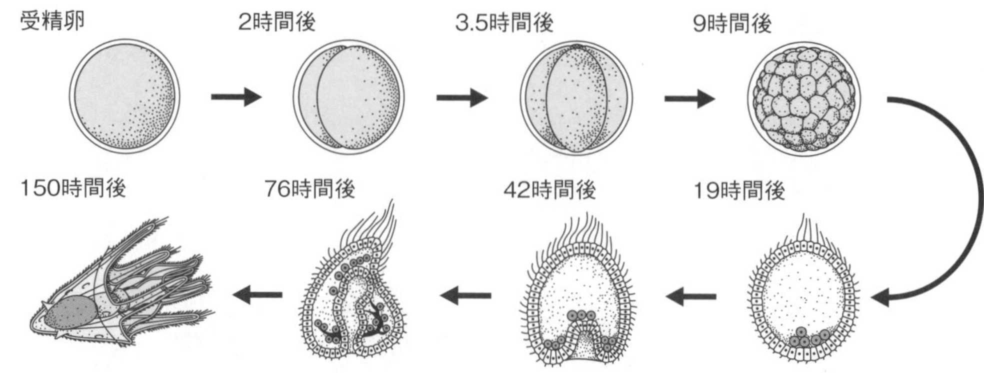

章末問題

①多細胞生物の体は，どのようにして成長するか。
②細胞分裂のとき，核の中に見られるひも状のものを何というか。
③生物が自らと同じ種類の新しい個体をつくることを何というか。
④生物が体細胞分裂によって新しい個体をつくるふえ方を何というか。
⑤生物が生殖細胞とよばれる特別な細胞のはたらきによって新しい個体をつくるふえ方を何というか。
⑥生殖細胞ができるときに行われる特別な細胞分裂のことを何というか。

①体細胞分裂で細胞の数がふえ，細胞が大きくなることによって成長する。
②染色体
③生殖
④無性生殖
⑤有性生殖
⑥減数分裂

①体細胞分裂によって，はじめに核が２つに分かれ，その後，細胞質が２つに分かれて，２つの細胞に分かれる。分かれた一つ一つの細胞が大きくなることで，体全体が成長する。
②普段は見えないが，細胞分裂のときに核の中に見えてくる。
③生殖によって，生物は自らと同じ種類の新しい個体をつくり，生物の種は維持される。
④無性生殖では，子は親の特徴をそのまま受け継ぐ。
⑤雄と雌の生殖細胞が受精して子がつくられるので，親と子，子どうしの間で形質のちがいが生まれることがある。
⑥減数分裂によってつくられる生殖細胞の染色体の数は，もとの細胞の染色体の数の半分である。生殖細胞が受精して受精卵ができると，染色体の数は，もとに戻る。

テスト対策問題

解答は巻末にあります。

時間30分 /100

1 細胞分裂のようすを調べるために，<u>うすい塩酸</u>と染色液の混合液に入れたタマネギの根を切りとり，顕微鏡で観察した。次の問いに答えよ。 9点×5(45点)

図1

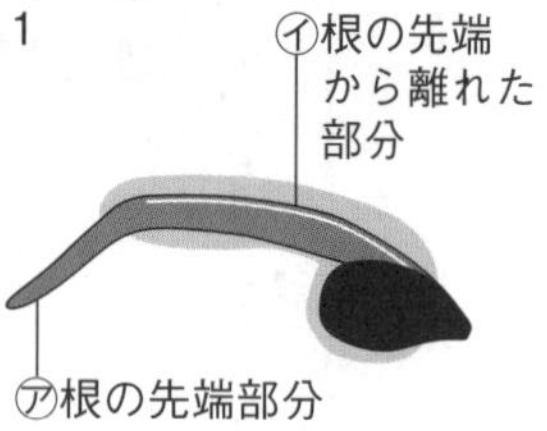

(1) 根を下線部の薬品に入れる理由を書け。
( )

(2) 細胞分裂が盛んなのは，図1の㋐，㋑のどちらの部分か。 ( )

(3) 図2のA～Fは，観察した結果見られた細胞を模式的に表したものである。

図2

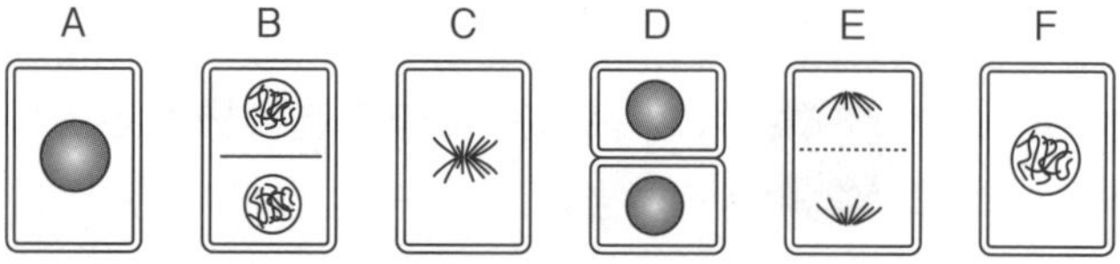

① Aをはじめとして，B～Fを細胞分裂の順に並べよ。 (A → → → → →)

② 図2で細胞の中に見られるひものようなものを何というか。 ( )

③ ②に存在する生物の形質を表すもとになるものを何というか。( )

2 右の図は，ある被子植物のめしべの柱頭についた花粉からPが胚珠に向かってのび，その中を精細胞が通っていくようすを表したものである。次の問いに答えよ。 7点×4(28点)

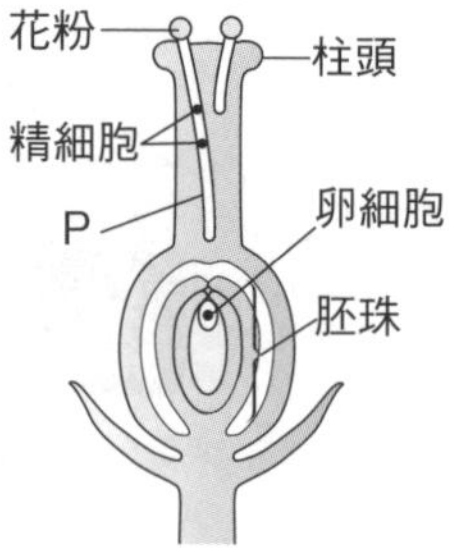

(1) Pを何というか。 ( )

(2) 精細胞や卵細胞がつくられるときに行われる，特別な細胞分裂を何というか。 ( )

(3) 次の文の( )にあてはまる語句を書け。 ①( ) ②( )

Pの先が胚珠に達すると，Pを通ってきた精細胞の核は卵細胞の核と合体する。合体してできた受精卵は，分裂して(①)になり，胚珠全体は(②)になる。

3 下の図は，カエルの受精卵が育っていくようすをスケッチしたものである。あとの問いに答えよ。 9点×3(27点)

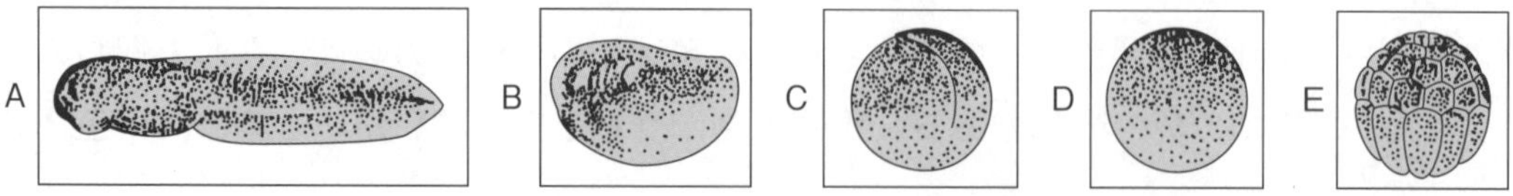

(1) カエルのように，受精によって新しい個体をつくるふえ方を何というか。
( )

(2) A～Eを育っていく順に並べよ。 (→ → → →)

(3) 図のように，受精卵が育っていく過程を何というか。 ( )

2章 遺伝の規則性と遺伝子

① 遺伝の規則性

テーマ　遺伝　遺伝子　純系　分離の法則　顕性の形質　潜性の形質

教科書のまとめ

□形質	▶生物の特徴となる形や性質。
□遺伝	▶親の形質が子や孫の世代に伝わること。
□遺伝子	▶形質を表すもとになるもの。細胞の核の中にある染色体に存在する。
□純系（じゅんけい）	▶代をいくつ重ねても親と同じ形質になる生物。
□対立形質（たいりつけいしつ）	▶エンドウの種子の形(丸い種子としわのある種子)のように，どちらか一方しか現れない形質どうし。
□メンデルが発見した遺伝の規則性	▶対立形質の純系どうしの親を他家受粉（たかじゅふん）させ，できた子の代の種子をまいて育て，自家受粉（じかじゅふん）させた結果。 ①　子の代…全ての個体に両親の一方の形質だけが現れる。 ②　孫の代…顕性の形質の個体と潜性の形質の個体が３：１の割合で現れる。 **知識** 花粉が別の株の花のめしべにつくことを他家受粉，同じ花や同じ株の別の花のめしべにつくことを自家受粉という。
□分離（ぶんり）の法則（ほうそく）	▶対になっている遺伝子が，減数分裂によって染色体とともに移動し，それぞれ別の生殖細胞に分かれて入ること。→実習1
□顕性（けんせい）の形質	▶対立形質の純系どうしを掛け合わせたとき，子で現れる形質。
□潜性（せんせい）の形質	▶対立形質の純系どうしを掛け合わせたとき，子で現れない形質。 **知識** 対立形質を表す遺伝子の記号は，同じアルファベットの大文字と小文字で表す。 **参考** 顕性のことを優性（ゆうせい），潜性のことを劣性（れっせい）ということもある。

実習のガイド

実習1 形質の伝わり方

❶ 遺伝子モデルをつくる。
青と赤に色分けした割りばしを同じ数ずつ用意する。精細胞の遺伝子を表す方は青ペンでAa，卵細胞の遺伝子を表す方は赤ペンでAaと書く。

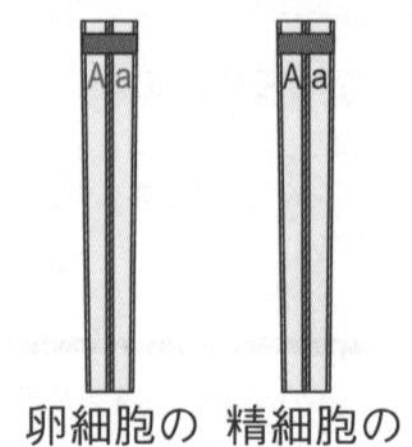

A…丸の形質
a…しわの形質

❷ 対になっている遺伝子モデルを分割(ぶんかつ)する。
手で割りばしを割ってAとaに分け，色別に袋(ふくろ)に入れる。

❸ 遺伝子の組み合わせをつくる。
青，赤の２つの袋から同時に１本ずつ割りばしをとり出し，AA，Aa，aaのどの組み合わせであったか，記録用紙に記入する。記録したら，とり出した割りばしはもとの袋に戻す。これを50回繰り返す。

実習の結果

クラス全体の結果を集計すると，AA，Aa，aaの３種類の組み合わせができ，その比はAA：Aa：aa＝1：2：1であった。

結果から考えよう

①孫の代では，遺伝子の組み合わせから，それぞれどのような形質が現れると考えられるか。

→顕性の遺伝子Aをもつ AA，Aaは丸い形質，潜性の遺伝子aのみをもつaaはしわの形質が現れると考えられる。

②孫の代では，Aが伝える形質とaが伝える形質は，どのような比で現れると考えられるか。

→Aaの子が自家受粉すると，孫の代では，AA，Aa，Aa，aaの４つの遺伝子の組み合わせになるので，丸：しわ＝3：1の割合で現れると考えられる。

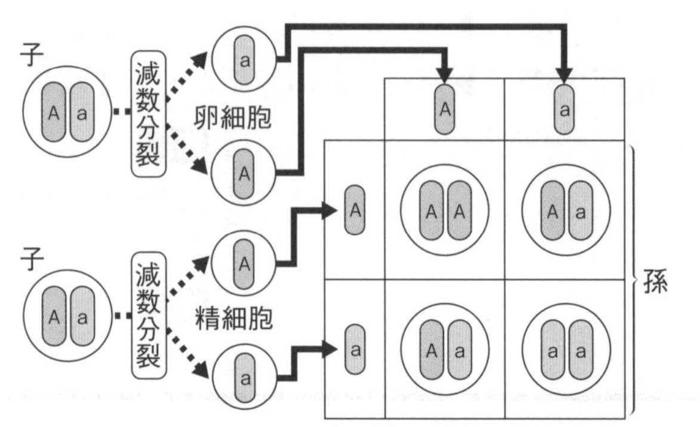

丸い種子：しわのある種子＝３：１

遺伝子

テーマ　DNA　遺伝子の変化　遺伝子に関する研究

教科書のまとめ

□DNA	▶染色体に含まれている遺伝子の本体で，デオキシリボ核酸という物質の英語名の略。 **参考** 実験によって細胞からとり出したDNAは，白いひも状に見える。 **参考** DNAの構造は，1953年にワトソンとクリックによって発見された。
□遺伝子の変化	▶親から伝えられる染色体の中にある遺伝子は必ずしも親の遺伝子と同じとは限らない。遺伝子の本体のDNAが変化して子に伝えられ，子に現れる形質を変えてしまうことがある。
□遺伝子を扱う技術	▶食料・環境・医療・産業など，あらゆる分野で応用されている。 ①　砂漠緑化のための乾燥に強い植物や青いバラ…DNAを変化させる技術によって，自然界には見られない性質の生物を生み出した。 ②　病気の治療…病気の原因と関係のある遺伝子を特定して治療方法を見つける研究や，ヒトのインスリンの遺伝子を入れた微生物が生産したインスリンによる糖尿病の治療が行われている。 ③　DNA鑑定…ヒトや家畜，農作物の個体を判別できる。 **知識**　環境DNA 水中，土壌中，空気中などに放出された生物由来のDNAを調べ，環境保全などに役立てている。

Science Press 発展

DNAの構造

染色体にあるDNAは，２本の長い鎖(くさり)がらせん状に向かい合った二重らせん構造をしている。それぞれの鎖は，塩基，糖，リン酸が規則正しく並んでつながっている。塩基にはA，T，G，Cの略号で表される４種類があり，AとT，GとCが互いに結びついて２本鎖(ほんさ)がつくられている。

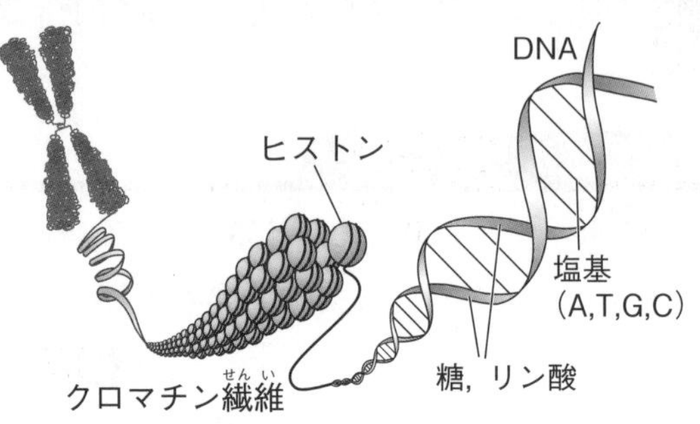

章末問題

①染色体の中に存在する，形質を表すもとになるものを何というか。

②エンドウでは，それぞれの種子の形は，丸かしわしか現れない。この丸としわのように，どちらか一方しか現れない形質どうしを何というか。

③親の遺伝子は，生殖細胞ができるときに，対になっていた遺伝子が染色体とともに分かれ，それぞれの生殖細胞の中に入る。このことを何の法則というか。

④DNAや遺伝子を扱う技術を利用した例を１つあげなさい。

解答

①遺伝子

②対立形質

③分離の法則

④(例)形質を変えた植物の開発，病気の治療，DNA鑑定

考え方

②互いに対立形質をもつ純系どうしを掛け合わせたとき，子に現れる形質を顕性の形質，現れない形質を潜性の形質という。エンドウの種子の形では，丸が顕性の形質，しわが潜性の形質である。

③対になっている親の遺伝子は，減数分裂によって染色体とともに分かれ，それぞれ別の生殖細胞に入る。

テスト対策問題

解答は巻末にあります。

時間30分 /100

1 エンドウの種子の形の遺伝について，次の実験を行った。あとの問いに答えよ。

10点×7(70点)

実験１　丸い種子をつくる純系のエンドウのめしべに，しわのある種子をつくる純系のエンドウの花粉をつけたところ，できた種子(子にあたる)は全て丸い種子であった。

実験２　実験１でできた種子をまいて育てたエンドウを自家受粉させたところ，できた種子(孫にあたる)には，丸い種子としわのある種子の両方があった。

(1) 実験１で，子に現れた形質(丸)，子に現れなかった形質(しわ)をそれぞれ何というか。　丸(　　　　)　しわ(　　　　)

(2) 右の図は，実験２で，遺伝子が子から孫へ，生殖細胞を通じて伝わるしくみを，丸い種子をつくる遺伝子をA，しわのある種子をつくる遺伝子をaとして，模式的に表したものである。①～③にあてはまる遺伝子の記号をそれぞれ書け。　①(　　　　)

②(　　　　)　③(　　　　)

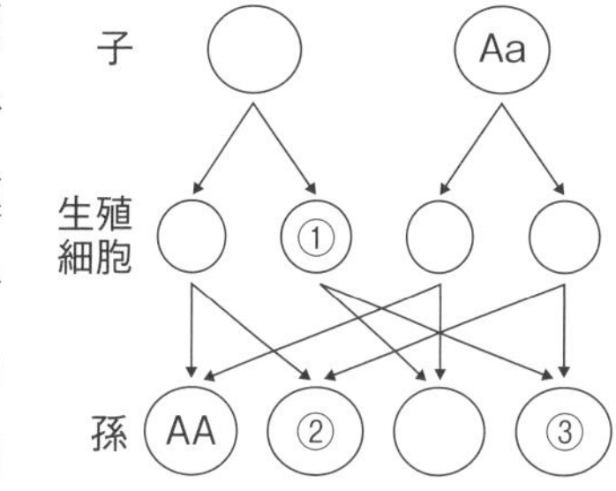

(3) 遺伝子の本体は何という物質か。アルファベットで書け。　(　　　　)

(4) 実験２で，丸い種子が6000個できたとき，しわのある種子は何個できたか。次のア～エから選べ。　(　　)

ア　約1500個　　イ　約2000個　　ウ　約3000個　　エ　約4500個

2 丸い種子をつくる純系のエンドウAの花粉を，しわのある種子をつくる純系のエンドウBのめしべに受粉させたところ，全て丸い種子Cができた。次の問いに答えよ。

10点×3(30点)

(1) 右の図は，エンドウA，エンドウBの染色体を模式的に表したものである。次の①，②を，図にならってかき入れよ。

① エンドウAの精細胞の染色体

② 種子Cの中にある胚の細胞の染色体

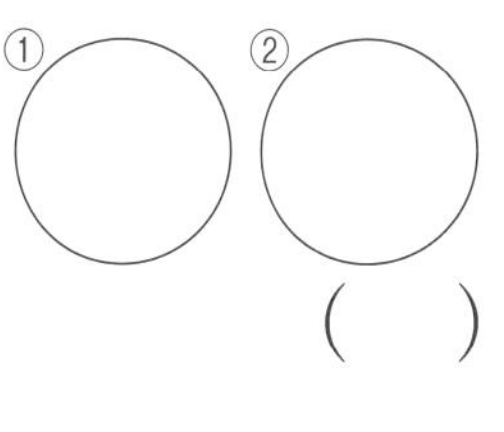

(2) 分離の法則の正しい説明を，次のア～エから選べ。　(　　)

ア　子に現れる形質の比は，簡単な整数比になる。

イ　減数分裂では，対になっている遺伝子が分かれ，それぞれ別の生殖細胞に入る。

ウ　生殖細胞は，顕性の形質をもつものと潜性の形質をもつものに分けられる。

エ　細胞分裂のときに，染色体がさけて２等分される。

単元2 生命のつながり

3章 生物の種類の多様性と進化

① 生命の連続性　② 進化の証拠

テーマ　進化　相同器官　痕跡器官

教科書のまとめ

□進化(しんか)	▶生物が長い時間をかけて多くの代を重ねる間に変化すること。
□相同器官(そうどうきかん)	▶同じものから変化したと考えられる体の部分。相同器官は，ある生物が変化して別の生物が生じたことを示す証拠(しょうこ)の１つであると考えられている。 例ヒトの手と腕(うで)，カエルやワニの前あし，スズメやコウモリの翼(つばさ)，クジラの胸(むね)びれは相同器官。
□痕跡器官(こんせき)	▶相同器官のうち，はたらきを失って痕跡のみとなっているもの。 例ヘビやクジラの後あし，イカの体の中にある骨のようなもの(貝殻(かいがら)の痕跡器官)
□シソチョウ(始祖鳥)	▶体全体が羽毛(うもう)で覆(おお)われ，前あしが翼になっていて(鳥類の特徴)，歯や長い尾(お)をもち，翼の先には爪(つめ)がある(は虫(ちゅう)類の特徴)。は虫類と鳥類の両方の特徴を合わせもつことから，は虫類と鳥類の中間の生物であると考えられている。

参考 ダーウィンと「種の起源」
ガラパゴス諸島の生物の観察などから，多く時代を重ねる間に生物は進化し，新しい生物の種が現れたと考えた。

Science Press

生きている化石からわかること

シーラカンスは原始的なすがたをした深海魚で，その胸びれには脊椎(せきつい)動物の前あしの相同器官と考えられる骨格がある。昔に栄えた生物の形を保っていることから「生きている化石」として注目を集め，魚類が両生類などの陸上生活をする動物へと変化する初期の段階を現していると考えられている。

③ 生物の進化と環境

テーマ 生物の進化と環境

教科書のまとめ

□生物の特徴と生活場所

▶生物がもつ形質は，進化と深くつながっている。

① 脊椎動物…魚類，両生類，は虫類，鳥類，哺乳類の順に，水中の生活から陸上の生活に適したものになっている。

→ やってみよう

② 植物…コケ植物，シダ植物，種子植物の順に，水中の生活から陸上の生活に適したものになっている。

参考
藻類は水中で生活して光合成を行い，胞子でふえる。藻類は植物ではないが，植物は藻類から進化したと考えられている。

やってみよう

教科書 p.124

脊椎動物のグループごとの特徴をまとめてみよう

❶ 脊椎動物のもつ特徴をあげる。

❷ 脊椎動物のそれぞれのグループの特徴を表にまとめる。
あてはまる特徴をもつ場合は○，もたない場合は●を記入する。

❸ まとめた表をもとに，動物の特徴と生活している環境について，わかることを話し合う。

	魚類	両生類(子)	両生類(おとな)	は虫類	鳥類	哺乳類
背骨がある						
肺で呼吸する						
子は陸上で生まれる						
恒温動物である★	●	●	●	●	○	○
胎生である						

★外界の温度が変わっても体温が一定に保たれる動物を恒温動物という。一方，外界の温度が変わるにつれて体温が変わる動物を変温動物という。

やってみようのまとめ

・脊椎動物のそれぞれのグループの特徴をまとめると，右の表のようになる。

・魚類と両生類の子は，水中で生活をし，えらで呼吸をする。
陸上で生活する脊椎動物(両生類のおとな，は虫類，鳥類，哺乳類)は，肺で呼吸するという共通の特徴をもっている。

・５つのグループどうしの関係と特徴を考えると，魚類，両生類，は虫類，鳥類，哺乳類の順に，水中の生活から陸上の生活に適したものになっていると考えられる。

	魚類	両生類(子)	両生類(おとな)	は虫類	鳥類	哺乳類
背骨がある	○	○	○	○	○	○
肺で呼吸する	●	●	○	○	○	○
子は陸上で生まれる	●	●	●	○	○	○
恒温動物である	●	●	●	●	○	○
胎生である	●	●	●	●	●	○

教科書 p.126

話し合おう

教科書p.126の図８のように，ガラパゴス諸島周辺にすむフィンチのなかまは，種によってくちばしの形が異なっている。その理由を考えよう。

話し合おうのまとめ

フィンチのくちばしの形は，かたい種子を割って食べる，小さな虫を食べる，サボテンのとげを木の穴に入れて，出てきた虫を食べる，サボテンの花から胚珠をとり出して食べるなど，それぞれの種にとって食物をとるのに都合のよい形になっている。
このように，生物にはすんでいる環境での生活に都合のよい形質が見られることがある。

章末問題

①生物が，長い時間をかけて，多くの代を重ねる間に変化することを何というか。

②同じものから変化したと考えられる体の部分を何というか。

解答 ①進化

②相同器官

考え方 ①脊椎動物の化石を調べると，化石が最初に出現する年代は，魚類，両生類，は虫類，哺乳類，鳥類の順となる。生物が長い時間をかけて変化することを進化という。

②下の図は，脊椎動物の前あしにあたる部分の骨格を比較したものである。

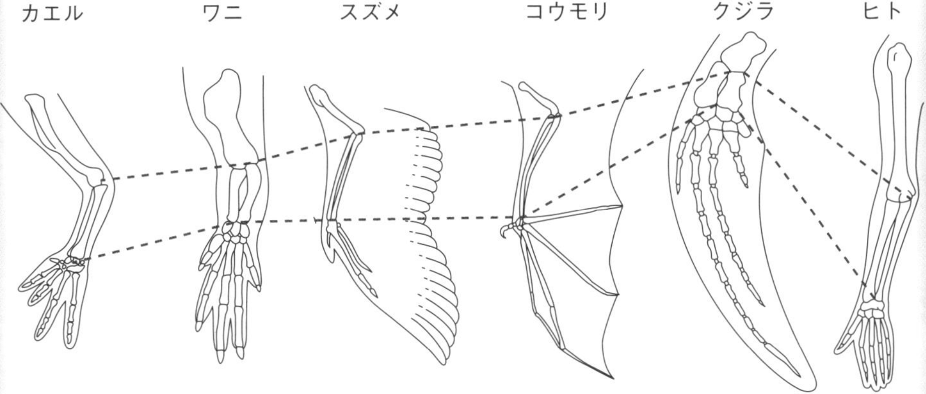

この図から，どの脊椎動物にも，ヒトの手と腕にあたる部分があることがわかる。

カエル(両生類)の前あし，ワニ(は虫類)の前あし，外形やはたらきが異なるスズメ(鳥類)の翼も，もとは同じでそれが変化したものだと考えると，上の図に示したような対応関係が説明できる。コウモリ(哺乳類)の翼やクジラ(哺乳類)の胸びれについても同じような関係にあると考えられる。このように，同じものから変化したと考えられる体の部分を相同器官という。

テスト対策問題

解答は巻末にあります。

時間30分　/100

1 右の図は，脊椎動物の前あしの骨格を比較したものである。次の問いに答えよ。

8点×8(64点)

(1) ①スズメとコウモリの前あし，②クジラの前あしは，それぞれどのような外形になっていて，生活している環境の中で，どのようなはたらきをしているか。

① 外形(　　　　) はたらき(　　　　)
② 外形(　　　　) はたらき(　　　　)

(2) 図の部分は，外形やはたらきは異なるが，もとは同じものが変化したと考えられる。このような体の部分を何器官というか。　(　　　　)

(3) (2)の器官のうち，はたらきを失ったものを何器官というか。　(　　　　)

(4) 次のア〜オのうち，(3)の器官でないものを2つ選べ。　(　　)(　　)

ア　ヘビの後あし　　イ　クジラの後あし　　ウ　ヒトの後あし

エ　イカの貝殻　　オ　アサリの貝殻

2 右の図は，ドイツ南部の1億5千万年前の地層から化石として発見された動物の骨格を表している。次の問いに答えよ。　6点×6(36点)

(1) この動物を何というか。　(　　　　)

(2) この動物は体全体が羽毛で覆われ，前あしが翼になっている。これは脊椎動物の何類の特徴か。　(　　　　)

(3) この動物は歯や長い尾をもち，翼の先には爪がある。これは脊椎動物の何類の特徴か。　(　　　　)

(4) (2)と(3)から，この動物は脊椎動物の何類と何類の中間の生物と考えられるか。

(　　　　)

(5) 脊椎動物や植物は，水中での生活からどこでの生活に適したものに変化してきたか。　(　　　　)

(6) 生物が長い時間をかけて変化することを何というか。　(　　　　)

単元2 生命のつながり

探究活動 課題を見つけて探究しよう

遺伝子を扱う技術について考えよう

テーマ 遺伝子を扱う技術

教科書のまとめ

□遺伝子組換え	▶細胞から遺伝子(DNA)をとり出し，遺伝子の構成や並び方を変え，もとの生物や別の生物の細胞に入れてはたらかせること。 例ダイズ，トウモロコシ，ジャガイモ

教科書 p.128 やってみよう

遺伝子を扱う技術について考えよう

❶ 遺伝子に関する研究はどのようなものがあり，それらの研究成果はどのように利用されているのだろう。

❷ 遺伝子やDNAを扱う技術を利用することの利点や問題点について，自分なりの考えをまとめてみよう。

やってみようのまとめ

・害虫による食害を防ぐ遺伝子を導入したトウモロコシや，日持ちするトマトなど農作物の改良に利用されている。

・乾燥に強い植物や青いバラなどのように，自然界に見られない性質をもつ生物が開発されている。

・ヒトのもつインスリンの遺伝子を微生物に入れて増殖させ，抽出したインスリンを，糖尿病などの治療に役立てている。

・今後，遺伝子を扱う新しい技術が開発され，社会に恩恵(おんけい)をもたらすことが考えられる。しかし，新しい技術は，負の側面をもつ可能性があり，安全性や自然界への影響(えいきょう)などさまざまな観点から議論をする必要がある。

単元末問題

1 生物の成長と細胞

次の問いに答えなさい。

①生物の体が成長するしくみについて最も正しいものをア～ウから選びなさい。

ア一つ一つの細胞がそれぞれ大きくなることにより成長する。

イ細胞が分裂して数がふえることにより成長する。

ウ細胞が分裂して数がふえ，それぞれの細胞が大きくなることにより成長する。

②細胞をアから細胞分裂していく順に並べなさい。

ア

イ
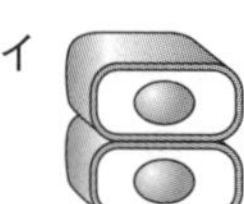
ウ

エ
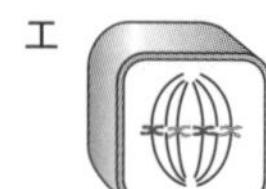
オ
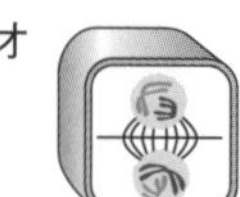
カ

キ

ク
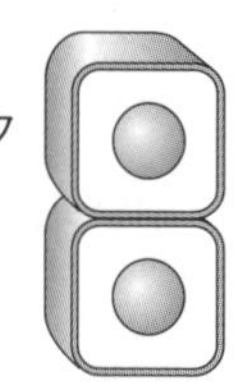

③キの細胞の中に見られるひも状のものを何というか。

④③の特徴として適当なものをア～エから全て選びなさい。

ア全ての生物が同じ本数をもつ。

イ本数は生物の種類によって決まっている。

ウ細胞分裂をするときに見えるようになる。

エいつも核の中に見えている。

解答

①ウ

②ア→カ→キ→エ→ウ→オ→イ→ク

③染色体

④イ，ウ

①多細胞生物は，細胞分裂を繰り返して細胞の数がふえることと，ふえた細胞が大きくなることで，体全体が成長していく。

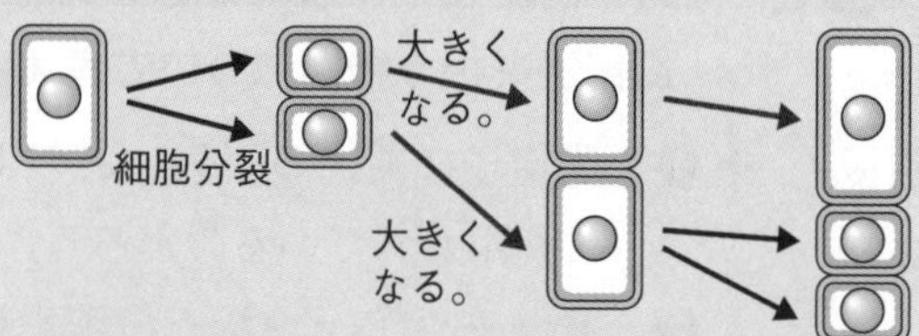

②植物の細胞の体細胞分裂は，染色体が複製されて数が2倍になる(カ)→核の中に染色体が見えてくる(キ)。→染色体が，太く短くなり2つに分かれる(エ)。→分かれた染色体がそれぞれ両端に移動する(ウ)。→染色体がかたまりになり，真ん中に仕切りができ始める(オ)。→2つの核ができ，細胞質が2つに分かれて2つの細胞になる(イ)→一つ一つの細胞が大きくなる(ク) の順に起こる。

体細胞分裂では，新しくできた細胞の核にある染色体の数がもとの細胞と同じになる。

③，④細胞分裂が始まると見えるようになる染色体の数は，生物の種類によって決まっている。

2 生物の子孫の残し方

次の問いに答えなさい。

①図は，被子植物の花の断面を模式的に表している。a，bはそれぞれ何という細胞を表しているか。

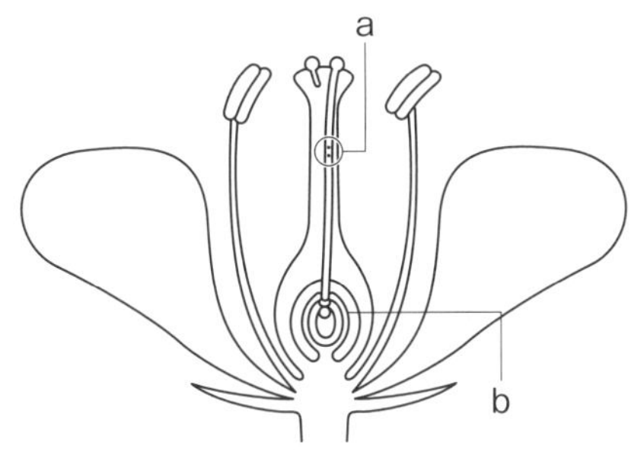

②図のa，bの細胞がつくられるときに行う特別な分裂を何というか。

③花粉管の先が胚珠までのびて，aの核とbの核が合体することを何というか。

④③で核が合体してできた細胞は，分裂をして何になるか。

⑤④は成長し，やがて親と同じような体をつくる。この過程を何というか。

⑥動物では，図のa，bの細胞にあたる細胞をそれぞれ何というか。

⑦⑥の細胞は，それぞれ動物の何という器官でつくられるか。

⑧生殖細胞のはたらきによって，新しい個体をつくるふえ方を何というか。

⑨ゾウリムシのように，体細胞分裂によって新しい個体をつくるふえ方を何というか。

⑩⑨のようなふえ方の例を１つあげなさい。

解答
①a：精細胞　b：卵細胞
②減数分裂
③受精
④胚
⑤発生
⑥a：精子　b：卵
⑦a：精巣　b：卵巣
⑧有性生殖
⑨無性生殖
⑩(例)ミカヅキモ，チューリップの球根，オニユリのむかご

考え方 ①めしべの柱頭についた花粉からのびる花粉管の中を移動するのは，花粉の中でつくられた精細胞である。

めしべの子房の中にある胚珠の中でつくられるのは卵細胞である。

②精細胞や卵細胞などの生殖細胞は，染色体の数がもとの細胞の半分になる減数分裂によってつくられる。

③受精によって精細胞の核と卵細胞の核が合体するので，受精した細胞の染色体の数はもとの数に戻る。

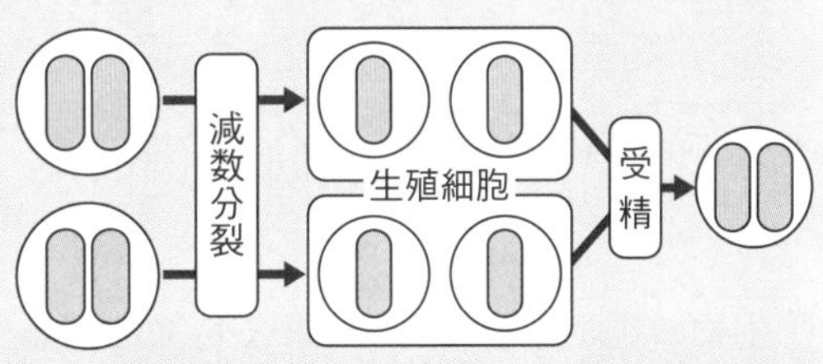

④受精卵は細胞分裂をして胚になる。種子が発芽すると，この胚が成長して親と同じような植物になる。

⑥，⑦動物の雄の生殖細胞は精巣でつくられる精子，雌の生殖細胞は卵巣でつくられる卵である。

⑧雌雄の生殖細胞が受精して新しい個体をつくるふえ方である。

⑨体細胞分裂によって新しい個体をつくるふえ方で，親と同じ染色体を受け継ぐので，親と同じ形質になる。

⑩ゾウリムシやミカヅキモなどの単細胞生物は，体が2つに分裂してふえるものが多い。ジャガイモのように体の一部から新しい個体をつくるもの(栄養生殖)もいる。

3 遺伝の規則性

親のもつ特徴の子への伝わり方を，エンドウの種子の形について調べた。次の問いに答えなさい。

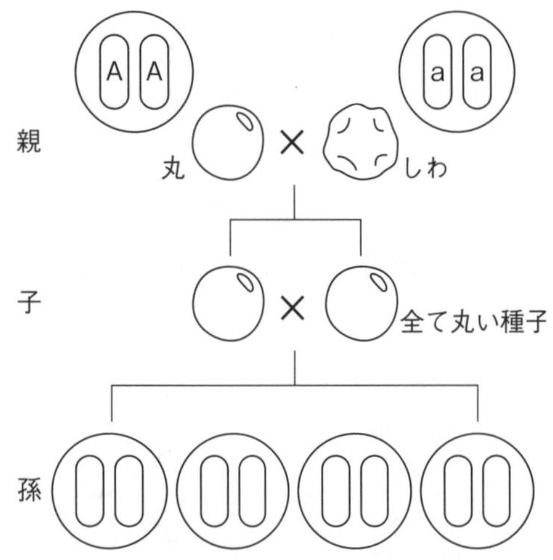

①生物の親から子に伝えられる特徴である形や性質を何というか。

②①が親から子に伝えられることを何というか。

③エンドウは，ふつう自家受粉をする。自家受粉によって世代を重ねてもその形質が親と同じ場合，これらを何というか。

④子では，種子の形が全て丸であった。丸の形質は，しわの形質に対して何というか。また，しわの形質は丸の形質に対して何というか。

⑤形質を伝えるものは対になっていて，分かれて別の生殖細胞に入る。この法則を何というか。

⑥図の孫の代の遺伝子の組み合わせとして正しいものをア～エから選びなさい。

アAA，AA，aa，aa

イAA，AA，Aa，Aa

ウAa，Aa，Aa，Aa

エAA，Aa，Aa，aa

⑦孫では，丸い種子としわのある種子の両方が現れた。その理由として正しいものをア～エから選びなさい。

ア遺伝子が親の代から子の代，さらに孫の代へと伝わって，子の代にはなかったaaの組み合わせをもつものができ，両方の形質が現れた。

イ遺伝子が親の代から子の代，さらに孫の代へと伝わって，全てがAaの組み合わせをもつものになり，両方の形質が現れた。

ウ子の代では全て丸の形質を示した遺伝子が，孫の代では変化して，両方の形質が現れた。

エ孫の代の遺伝子の組み合わせが親の代と全く同じAAとaaだけになったため，両方の形質が現れた。

⑧孫では，丸い種子としわのある種子の個体数の比はおよそ何対何になるか。

①形質

②遺伝

③純系

④丸の形質：顕性の形質
　しわの形質：潜性の形質

⑤分離の法則
⑥エ
⑦ア
⑧丸：しわ＝3：1

考え方 ①生物の形質を決める遺伝子は，細胞の核の中の染色体に存在する。
②遺伝は，遺伝子が親から子や孫に受け継がれることによって起こる。
⑤生殖細胞は減数分裂によってできるので，対になっている遺伝子は染色体とともに別の生殖細胞に分かれて入る。
⑥AAとaaを掛け合わせてできる子の代の種子がもつ遺伝子の組み合わせは，全てAaになる。このAaどうしを掛け合わせてできる孫の代の種子の遺伝子の組み合わせは，AA，Aa，Aa，aaになる。
⑦遺伝子の組み合わせがaaのものは，顕性の形質である丸の形質を伝える遺伝子Aがないため，遺伝子aが伝えるしわの形質が現れる。
⑧遺伝子Aをもつ組み合わせのものは全て丸い種子になるので，孫の代の比は，丸い種子：しわのある種子＝3：1　となる。

4 遺伝子の組み合わせ

エンドウの種子の形については，丸としわの2つが対立形質となっていて，丸い形の種子かしわの形の種子しか現れない。丸としわの両方の遺伝子があるときは，必ず丸い種子になる。次の問いに答えなさい。

①丸い種子のエンドウとしわの種子のエンドウを親として子の代を得ると，子の代では丸い種子のエンドウとしわの種子のエンドウが1：1の割合となった。子の代のうち，丸い種子のエンドウだけを親として，孫の代の種子について，丸としわの割合を調べた。種子を丸くする遺伝子をR，しわにする遺伝子をrとすると，親の代の丸い種子(A)としわの種子(B)の，それぞれの遺伝子の組み合わせをア〜ウから選びなさい。
アRR
イRr
ウrr

②①のとき，孫の代の種子の丸としわの割合はどうなるか，ア〜エから選びなさい。
ア丸のみ
イしわのみ
ウ丸：しわ＝3：1
エ丸：しわ＝5：3

解答 ①A：イ　　B：ウ
②ウ

考え方 ①種子を丸くする遺伝子Rとしわにする遺伝子rの両方があるRrのときは，必ず丸い種子になるので，しわの種子のエンドウ(B)の遺伝子の組み合わせは，Rをもたないrrとわかる。

丸い種子のエンドウのうち，RRのエンドウをrrのエンドウと掛け合わせると，子の代の遺伝子の組み合わせは全てRrになり，全て丸い種子になる。丸い種子のエンドウのうち，Rrのエンドウをrrのエンドウと掛け合わせると，子の代の遺伝子の組み合わせは，図のように，Rr, Rr, rr, rrになり，丸い種子としわの種子が1：1の割合で現れる。したがって，親の代の丸い種子のエンドウ(A)の遺伝子の組み合わせはRrである。

		生殖細胞	
		R	r
生殖細胞	r	Rr	rr
	r	Rr	rr

（子）

②子の代の丸い種子のエンドウだけを親とするので，RrとRrの掛け合わせになる。したがって，孫の代の遺伝子の組み合わせは，右のように，RR, Rr, Rr, rrになり，丸い種子としわの種子は3：1の割合で現れる。

		生殖細胞	
		R	r
生殖細胞	R	RR	Rr
	r	Rr	rr

（孫）

5 遺伝子の本体と変化

次の問いに答えなさい。

①次のア，イにあてはまることばを答えなさい。

遺伝子の本体は，核の中の(　ア　)に含まれる(　イ　)という物質である。遺伝子は不変ではなく，変化して子に伝えられる形質が変わることがある。

②イを扱う技術を利用した例を1つあげなさい。

解答 ①ア：染色体　　イ：DNA
②(例)形質を変えた植物の開発，病気の治療，DNA鑑定

考え方 ①染色体に含まれている遺伝子の本体は，デオキシリボ核酸という物質で，DNAは英語名の略称である。
②遺伝子の本体であるDNAを変化させて，自然界で見られない性質をもつ生物を生み出したり，医薬品の開発に利用したりしている。

6 生命の連続性

次の問いに答えなさい。

①生物が，長い時間をかけて，多くの代を重ねる間に変化することを何というか。

②カエルの前あしとスズメの翼のように，もとは同じものがそれぞれの生活やはたらきに適した形に変化した体の部分を何というか。

①進化
②相同器官

①環境に適した形質をもつ生物へと進化することが多い。
②脊椎動物の前あしにあたる部分は相同器官である。

7 生物の進化と環境

次の問いに答えなさい。
①脊椎動物は「魚類→両生類→は虫類→哺乳類→鳥類」の順に現れたと考えられている。このことから，脊椎動物はどのような生活に適するようになってきたと考えられるか。理由とともに説明しなさい。

①えら呼吸から肺呼吸になるなどの特徴をもつようになったので，水中での生活から陸上での生活に適するようになったと考えられる。

読解力問題

❶ 形質の伝わり方

解答

①緑色：50%　黄色：50%
②緑色：100%　黄色：０%
③自家受粉させ，子の代に黄色のさやをもつものが現れたらAa，そうでなければAAである。

考え方

①遺伝子の組み合わせがAaのものとaaのものを掛け合わせると，右の図１のようになる。
②遺伝子の組み合わせがAAのものとAaのものを掛け合わせると，右の図２のようになる。
③遺伝子の組み合わせがAAのものを自家受粉させると，子の代の遺伝子の組み合わせは全てAAになる。遺伝子の組み合わせがAaのものを自家受粉させると，子の代には，遺伝子の組み合わせがaaとなる，黄色のさやをもつものが現れる。

図１

		生殖細胞	
		A	a
生殖細胞	a	Aa	aa
	a	Aa	aa

図２

		生殖細胞	
		A	A
生殖細胞	A	AA	AA
	a	Aa	Aa

② カモノハシの特徴

解答
①a：哺乳　b：毛　c：肺

②イ

③カモノハシは，進化の過程で生じた初期段階の哺乳類だと考えられる。

考え方 ①子を乳で育てるのは哺乳類である。また，哺乳類は，体が毛で覆われており，肺で呼吸をする。

②，③普通，哺乳類は胎生である。カモノハシは子を乳で育て，体が毛で覆われ，肺で呼吸するが，卵生である。そのため，初期段階の哺乳類だと考えられている。

単元3 自然界のつながり

1章 生物どうしのつながり

① 生物の食べる・食べられるの関係

テーマ　生態系　食物網　食物連鎖　生産者　消費者　分解者

教科書のまとめ

□生態系（せいたいけい）	▶ある環境とそこにすむ生物とを１つのまとまりとして見たもの。
□食物網（しょくもつもう）	▶自然界では生物が２種類以上の生物を食べたり，逆に食べられたりすることがある。これらの関係を線でつないでいったとき，複雑に入り組んだ網（あみ）のようになっていること。
□食物連鎖（しょくもつれんさ）	▶食物網の中で，食べる生物と食べられる生物に着目して，１対１の関係で順番に結んだもの。
□生産者（せいさんしゃ）	▶生態系において，無機物から有機物をつくり出す生物。光合成を行う植物や植物プランクトンなどは生産者である。 **知識** 水中に漂（ただよ）って生活している生物をまとめて，プランクトンという。光合成を行うものを植物プランクトンという。
□消費者（しょうひしゃ）	▶生態系において，生産者がつくり出した有機物を食べる動物などの生物。
□分解者（ぶんかいしゃ）	▶生態系において，生物の死がいやふんなどの生物から出された有機物をとりこみ，無機物にまで分解する生物。
□土の中の生物	▶生物のふんや死がいなどの，生物から出された有機物を出発点とした食物連鎖が見られる。 ①　落ち葉や腐（くさ）った植物を食べる小動物…ダンゴムシやミミズなど。 ②　動物の死がいやふんを食べる小動物…シデムシやセンチコガネなど。 ③　小動物を食べる動物…ムカデやモグラなど。

振り返ろう

生物の食べる・食べられるの関係を矢印で表そう

食べられる生物から，食べる生物に向けて矢印を入れてみよう。

振り返ろうのまとめ

シマウマは植物を食べるので，食べられる植物からシマウマに向けて矢印が入る。シマウマはライオンに食べられるので，シマウマからライオンに向けて，矢印が入る。

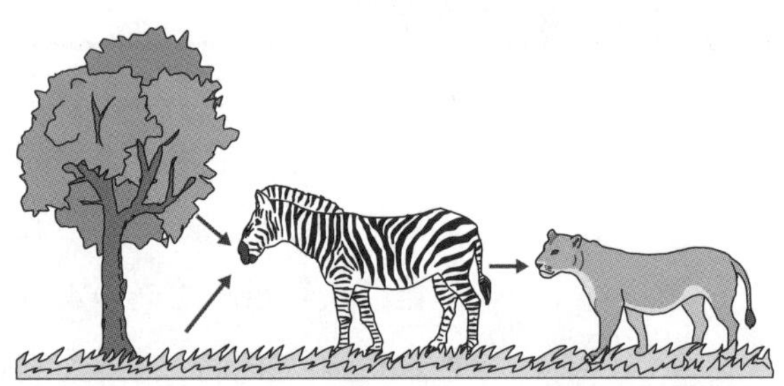

教科書 p.143

やってみよう

土の中の小動物を観察してみよう

❶ 校庭や林など落ち葉が積もっている場所で，図のように範囲を決めて，土をとる。⇨✖1

❷ 土を白いバットに少量ずつ広げ，小動物を探す。見つかった小動物をピンセットでとり出して，70％エタノール水溶液の入ったビーカーに入れる。⇨✖2

❸ ❷で小動物をとり除いた土をツルグレン装置にのせ，光を当てて，落ちてきた小動物を❷のビーカーに集める。⇨✖3，4

❹ ビーカーに集まった小動物をルーペや顕微鏡(双眼実体顕微鏡)で観察する。⇨✖5

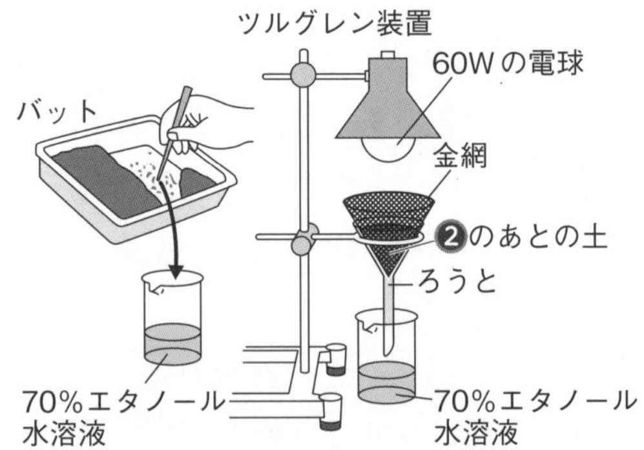

✖1 注意 刺したりかんだりする小動物もいるので，注意する。

✖2 70％エタノール水溶液は，小動物の動きを鈍らせて，観察しやすくするために使われる。

✖3 注意 電球は熱くなるので直接手で触らないよう注意する。

✖4 ツルグレン装置は，土の中の小動物を集めるために使われる。

✖5 注意 観察後には手を洗う。

やってみようの結果

❷ 肉眼で観察できる，ミミズやムカデ，ワラジムシ，センチコガネ，ダンゴムシ，シデムシ，ナメクジなどの大形の小動物が見つかった。

❸ 電球をつけて光を当てると，熱や乾燥を避(さ)けようとして生物が落ちてきた。

❹ ルーペで観察すると，イシノミ，ヒメミミズ，カニムシ，トビムシ，クモなどの小形の小動物が見つかった。顕微鏡で観察すると，クマムシ，センチュウ，ダニなどのより小形の小動物が多数見つかった。

やってみようのまとめ

落ち葉の間や土の中には，肉眼で見える大きさの動物や，小形の動物，さらに顕微鏡で観察しないと見えないより小形の動物が生活している。これらは落ち葉を食べる草食のものから，小さな虫を食べる肉食のものまで存在していることから，土の中でも食物連鎖が見られ，複雑な食物網が広がっていると考えられる。

② 生物どうしのつり合い

テーマ　生物の数量的な関係　生物どうしのつり合い

教科書のまとめ

□生物の数量的な関係	▶食物連鎖の中にある生物の間の数量的な関係は，通常はつり合いが保たれ，ピラミッドの形のようになっている。
□生物どうしのつり合い	▶通常，ある段階の生物の数量に一時的な増減があっても，再びもとに戻り，つり合いが保たれる。しかし，その生態系に本来いなかった生物が入りこんだり，もともといた生物が全て死んでしまったり，環境が大きく変化したりすると，もとのつり合いの状態に戻らないことがある。

教科書 p.147

章末問題

①ある生態系で，生物の食べる・食べられるという関係を線でつないでいくと，複雑に入り組んだ網のようになっている。このつながりを何というか。
②光合成によって自ら有機物をつくることから，植物のことを何というか。
③②によってつくられた有機物を食べることから，動物は何というか。
④生物の死がいやふんなどをとりこんで利用する生物は何というか。
⑤ふつう，自然界で，生物の数量は食べる側と，食べられる側ではどちらが多いか。

解答
①食物網
②生産者
③消費者
④分解者
⑤食べられる側

考え方
⑤生態系での生物の数量関係は，通常は，食べられる側の方が食べる側よりも多く，ピラミッドの形のようになっている。

単元3 自然界のつながり

2章 自然界を循環する物質

① 微生物による物質の分解

テーマ　微生物　菌類　細菌類

教科書のまとめ

□微生物（びせいぶつ）
▶肉眼では見ることができない微小（びしょう）な生物。菌類や細菌類がある。

→ 実験1

知識
微生物は，有機物をとり入れて，呼吸によって無機物にまで分解している。

□菌類（きんるい）
▶カビやキノコなどのなかま。主に胞子（ほうし）でふえる。体は菌糸（きんし）でできていて，子実体（しじつたい）とよばれる部分を形成するものがある。

□細菌類（さいきんるい）
▶乳酸菌や大腸菌，納豆菌（なっとうきん）などのなかま。単細胞生物で，主に分裂によってふえる。

教科書 p.149

実験のガイド

実験1 微生物のはたらき

❶ 土を準備する。
移植ごてで落ち葉の下の土をとる。

❷ 培地（ばいち）をつくる。⇨注1
0.1％デンプン溶液100mLに寒天粉末2gを入れ，加熱して溶（と）かしたものを，加熱殺菌（さっきん）したペトリ皿㋐，㋑に入れてふたをする。⇨注2

㋐
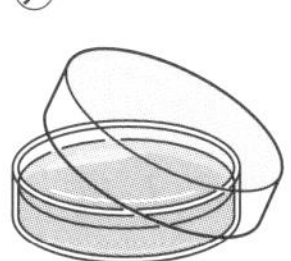
㋑

❸ 培地に土をのせる。
ペトリ皿㋐には土を，㋑には十分に加熱して冷ました土を同量のせて，室内の暗い場所に3～5日間置く。

㋐

㋑

❹ 観察する。

㋐，㋑から土を洗い流してとり除き，培地の表面のようすを観察する。また，ヨウ素液を加えて培地の表面の変化を調べる。⇨3

1　微生物などをふやすために必要なデンプンなどの養分を寒天に含ませたもの。

2　コツ 溶液を入れたら，素早くペトリ皿のふたを閉め，開けたままにしないようにする。

3　注意 実験に用いた溶液や培地は，加熱殺菌してから捨てる。

実験の結果

	㋐（土）	㋑（加熱した土）	5日後の培地表面のようす
培地の表面のようす	白い粒やかたまりが見られた。かたまりの表面に毛のようなものが見える部分もあった。	変化なし	㋐ ㋑
ヨウ素液による培地の色の変化	表面が青紫色に変化した。ただし，土があった周辺では変化しなかった。	表面全体が青紫色に変化した。	ヨウ素液を加えたときの培地表面のようす ㋐ ㋑

結果から考えよう

①培地の表面のようすと，ヨウ素液による培地の色の変化はどのような関係があるか。

→培地の表面が変化していなかったところは，デンプンが残っていて，ヨウ素液を加えると青紫色に変化した。培地の表面が変化したところは，デンプンがなくなっていて，ヨウ素液を加えても色が変化しなかった。

②色が変化しなかった部分から，どのようなことが考えられるか。

→デンプンは，土の中の微生物によってとりこまれ，分解されたと考えられる。

やってみよう

池の水の中の微生物のはたらきを調べてみよう

❶ 実験１を参考にして，池の水の中にいる微生物は，土の中にいる微生物と同じようなはたらきをするか調べる。

やってみようのまとめ

・池の水㋐と十分に加熱して冷ました池の水㋑を使って調べた。
・ヨウ素液を加えると，㋐では池の水があった周辺のデンプンは分解されて，色が変化しなかった。㋑ではデンプンが残っていて，表面全体が青紫色に変化した。
・水の中の微生物は，土の中の微生物を同じようなはたらきをする。

振り返ろう

生産者，消費者，分解者のはたらきをしている生物が地球上からいなくなったら，生態系はどうなってしまうのだろうか。教科書p.153の図２を見ながら考え，話し合おう。
①光合成をする生産者がいなくなった場合
②消費者である生物がいなくなった場合
③分解者である生物がいなくなった場合

振り返ろうのまとめ

（例）
①有機物がつくられなくなる。食べるものがなくなって草食動物が減り，草食動物を食べる肉食動物も減る。
②消費者に食べられていた生物がふえる。
③生物の死がいやふんなどの有機物が分解されなくなる。生産者が無機物から有機物をつくり出せなくなる。

② 物質の循環

自然界での炭素と酸素の循環

教科書のまとめ

□自然界での炭素と酸素の循環	▶炭素や酸素は，光合成，食物連鎖，呼吸によって，生物の体とまわりの環境との間を循環している。 ①　光合成…生産者である植物は，とりこんだ無機物の二酸化炭素と水から有機物をつくり，酸素を放出する。 ②　食物連鎖…生産者によってつくられた有機物は，消費者である草食動物，肉食動物に食物としてとりこまれる。 ③　呼吸…生産者である植物も消費者である動物も，とりこんだ酸素を使って有機物を分解し，生命活動に必要なエネルギーをとり出し，二酸化炭素と水を放出する。
□分解者のはたらき	▶分解者である微生物などは，酸素を使って，生物から出された有機物を分解し，二酸化炭素と水を放出する。 **参考** 炭素(C)は有機物や二酸化炭素(CO_2)の形，酸素(O)は有機物や酸素(O_2)，水(H_2O)の形で循環している。

教科書 p.155

章末問題

①主に肉眼では見ることができない微小な生物を何というか。

②生態系において，生物の死がいやふんなどの有機物を無機物にまで分解するはたらきに関わるものを何というか。

①微生物

②分解者

①カビやキノコなどの菌類，乳酸菌や大腸菌などの細菌類は微生物である。

②菌類や細菌類などの微生物は，呼吸によって有機物を無機物に分解している。

アンケート

●次のアンケートにお答えください。回答は右のらんのあてはまる□をぬってください。

[1] 今回お買い上げになった教科は何ですか。
① 国語　② 社会　③ 数学　④ 理科

[2] この本をお選びになったのはどなたですか。
① 自分(中学生)　② ご両親　③ その他

[3] この本を選ばれた決め手は何ですか。(複数可)
① 教科書に合っているので。
② 内容・レベルがちょうどよいので。
③ 説明がくわしいので。
④ 教科書の問題の解き方や解答が載っているので。
⑤ 以前に使用してよかったので。
⑥ 高校受験に備えて。
⑦ その他

[4] どのような使い方をされていますか。(複数可)
① おもに授業の予習・復習に使用。
② おもに定期テスト前に使用。
③ おもにお子様や生徒の指導に使用。
④ その他

[5] 内容はいかがでしたか。
① わかりやすい。　② ややわかりにくい。
③ わかりにくい。　④ その他

[6] 解説の程度はいかがでしたか。
① ちょうどよい。　② もっとくわしく。
③ もう少し簡潔でもよい。

[7] ページ数はいかがでしたか。
① ちょうどよい。　② 多い。　③ 少ない。

[8] 2色の誌面デザインはいかがでしたか。
① よい。　② ふつう。
③ カラーにしたほうがよい。

[9] 表紙デザインはいかがでしたか。
① よい。　② ふつう。　③ あまりよくない。

[10] 以前から「教科書ガイド」をご存知でしたか。
① 知っていた。　② 知らなかった。

[11]「教科書ガイド」に増やしてほしいものや付け加えてほしいものは何ですか。(複数可)
① 練習問題　② テスト対策問題
③ 高校入試問題　④ 図やイラスト
⑤ 重要事項や要点のまとめ
⑥ 途中の計算式(数学)
⑦ カード，ポスター，公式集などの付録
⑧ その他

[12] 文理の問題集で，使用したことがあるものがあれば教えてください。
① 中学教科書ワーク　② 中間·期末の攻略本
③ 小学教科書ガイド　④ その他

[13]「中学教科書ガイド」について，ご感想やご意見·ご要望等がございましたら教えてください。

[14] この本のほかに，お使いになっている参考書や問題集がございましたら，教えてください。また，どんな点がよかったかも教えてください。

ご住所	〒 都道府県　市区郡　電話　－　－		
お名前	フリガナ	男・女	学年　年
お買上げ日	年　月	学習塾に	□通っている □通っていない

＊ご住所は，町名，番地までお書きください。

アンケートの回答：記入らん

[1] □①　□②　□③　□④
[2] □①　□②　□③(　　)
[3] □①　□②　□③　□④　□⑤　□⑥
□⑦(　　)
[4] □①　□②　□③　□④(　　)
[5] □①　□②　□③　□④(　　)
[6] □①　□②　□③
[7] □①　□②　□③
[8] □①　□②　□③
[9] □①　□②　□③
[10] □①　□②
[11] □①　□②　□③
□④　□⑤　□⑥　□⑦
□⑧(　　)
[12] □①　□②　□③
□④(　　)
[13]

[14]

ご協力ありがとうございました。中学教科書ガイド＊

郵 便 は が き

おそれいりますが，切手をおはりください。

1620814

東京都新宿区新小川町４－１
(株)文理

「中学教科書ガイド」
アンケート 係

ご住所	〒 都道府県 市区郡 電話 － －		
お名前	フリガナ	男・女	学年 年
お買上げ日	年 月	学習塾に	□通っている □通っていない

＊ご住所は町名・番地までお書きください。

✂はがきで送られる方はここを切り取ってください。

「中学教科書ガイド」をお買い上げいただき，ありがとうございました。今後のよりよい本づくりのため，裏にありますアンケートにお答えください。

アンケートにご協力くださった方の中から，抽選で（年２回），**図書カード 1000 円分**をさしあげます。（当選者は，ご住所の都道府県名とお名前を文理ホームページ上で発表させていただきます。）なお，このアンケートで得た情報は，ほかのことには使用いたしません。

《はがきで送られる方》

① 左のはがきの下のらんに，お名前など必要事項をお書きください。

② 裏にあるアンケートの回答を，右にある回答記入らんにお書きください。

③ 点線にそってはがきを切り離し，お手数ですが，左上に切手をはって，ポストに投函してください。

《インターネットで送られる方》

① 文理のホームページにアクセスしてください。アドレスは，

https://portal.bunri.jp

② 右上のメニューから「おすすめ CONTENTS」の「中学教科書ガイド」を選び，クリックすると読者アンケートのページが表示されます。回答を記入して送信してください。上の QR コードからもアクセスできます。

単元3 自然界のつながり

探究活動 課題を見つけて探究しよう

身のまわりの生物の関わりを考えよう

テーマ 身のまわりの生物の関わり

教科書のまとめ

□食物網	▶自然界では生物が2種類以上の生物を食べたり，逆に食べられたりすることがある。これらの関係を線でつないでいったとき，複雑に入り組んだ網のようになっていること。
□食物連鎖	▶食物網の中で，食べる生物と食べられる生物に着目して，1対1の関係で順番に結んだもの。

やってみよう

❶ 自分の身のまわりにある生物どうしのつながりを見つけよう。
❷ 生物どうしのつながりを切るものは何だろうか。

やってみようのまとめ

食べられる生物→食べる生物として生物どうしのつながりの例を表すと，

・地上では，ススキ→バッタ→カエル→タカのようなつながりがある。
・池や川などの水の中では，ケイソウ→ミジンコ→フナのようなつながりがある。
・落ち葉を出発点とすると落ち葉→ミミズ・ダンゴムシ→モグラ・カエル→ヘビのようなつながりがある。
・これらの生物の死がいやふんは，分解者によって分解される。
・実際の食べる・食べられるの関係は，複雑に入り組んだ網のようになっている。
・その生態系に本来いなかった生物が入りこんだり，もともといた生物が全て死んでしまったり，環境が大きく変わったりすると，生物どうしのつながりがもとに戻らず切れてしまう。

単元末問題

1 生物どうしのつながり

自然界における生物どうしのつながりについて，次の問いに答えなさい。

①ある環境と，その環境で互いに関わりながら生きている生物を１つのまとまりと見たものを何というか。

②食べる・食べられるという１対１の関係によるつながりを何というか。

③②のつながりは，食べる動物が２種類以上のものを食べることなどによって複雑に入り組んだ関係になっている。この複雑なつながりのことを何というか。

④①の中で，植物は自分自身で有機物をつくることから何とよばれるか。

⑤④は何を行って有機物をつくっているか。

⑥④がつくり出した有機物を食べる動物を何というか。

⑦タカ，ネズミ，ムギに②の関係があった場合，それぞれの生物は④と⑥のどちらにあてはまるか答えなさい。

解答
①生態系
②食物連鎖
③食物網
④生産者
⑤光合成
⑥消費者
⑦タカ，ネズミ：消費者
　ムギ：生産者

考え方 ①地域の環境と，そこに生息する生物とを１つのまとまりとしてとらえたものを生態系という。
③実際の生物どうしのつながりは，網のように複雑につながっている。
⑤植物は，葉緑体で太陽の光エネルギーを使って光合成を行い，無機物の二酸化炭素と水からデンプンなどの有機物をつくっている。
⑥植物がつくり出した有機物を食物としてとり入れる動物を消費者という。
⑦ムギは生産者，タカとネズミは消費者で，ネズミはムギを食べ，タカに食べられる。

2 土の中の小動物

図のようにして，土の中の小動物を観察した。次の問いに答えなさい。

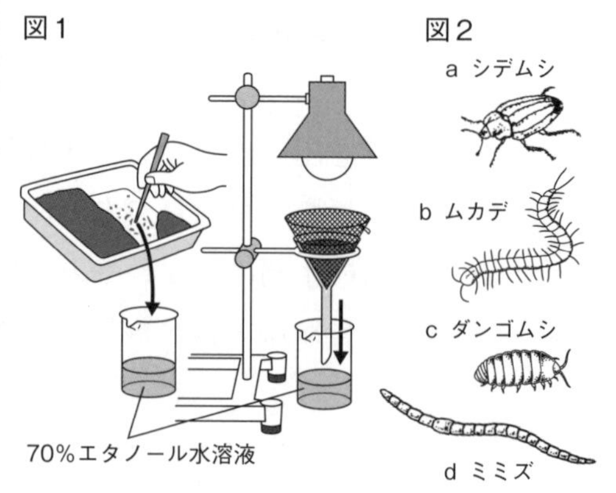

①図２の小動物a〜dを次のA，Bの２つに分けなさい。

A：落ち葉や腐った植物を食べる動物
B：動物や動物の死がいを食べる動物

②図１で，とり出した動物を70%エタノール水溶液につける理由として最も適当なものを，次のア～ウから選びなさい。
ア においを消すため。
イ 動きを鈍らせるため。
ウ 汚れをとるため。

③生産者のつくり出した有機物を食べることから，図２の小動物は何とよばれるか。

解答
①A：c，d　B：a，b
②イ
③消費者

考え方 ①aのシデムシは動物の死がいを，bのムカデはaやc，dを食べる。
②動物を70%エタノール水溶液につけると，動きが鈍くなり，観察しやすくなる。
③土の中でも，落ち葉や腐った植物，動物の死がいやふんなどの有機物を出発点とする食物連鎖が見られる。

3 生物どうしのつり合い

図は，ある森林における植物，草食動物，肉食動物の数量の関係を表したものである。次の問いに答えなさい。

肉食動物
草食動物
植物

①環境の変化が起こり，この森林の植物が減少した。草食動物と肉食動物の数量は，短期的にはそれぞれどうなるか。

②別の環境の変化が起きた結果，草食動物が急激に増加したが，長い時間がたつと，それぞれの生物の数量はもとに戻った。このときの生物の数量の関係の変化を表すように，次のA～Fを並べなさい。ただし，Aを最初，Fを最後とする。

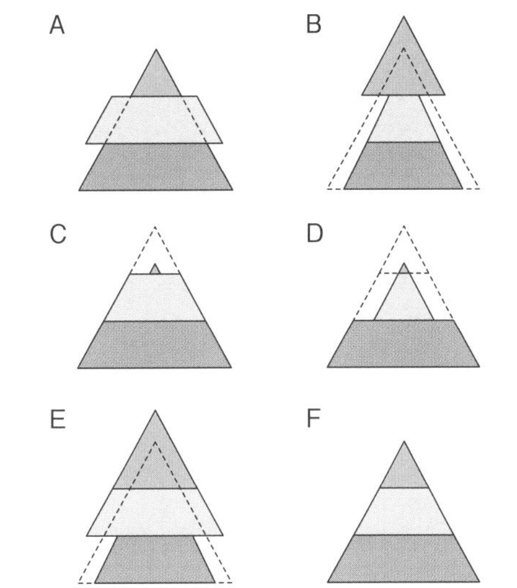

解答
①草食動物と肉食動物の数量が減る。
②A→E→B→D→C→F

考え方 ①植物が減少すると，草食動物は食物が少なくなるので減少する。草食動物が減少すると，肉食動物は食物が少なくなるので，減少する。

②草食動物が増加する(A)と，草食動物に食べられる植物は減少し，草食動物を食べる肉食動物は増加する(E)。植物が減少し，肉食動物が増加すると，草食動物は減少する(B)。草食動物が減少すると，植物は増加し，増加していた肉食動物は減少する(D)。肉食動物が減少すると，減少していた草食動物は増加し(C)，やがてもとのつり合いの状態(F)に戻る。

4 微生物のはたらき

図のようにして，土の中の微生物のはたらきを調べた。次の問いに答えなさい。

図

①デンプン溶液で培地をつくり，ペトリ皿に入れる。

A

B

②Aには森林でとった土をのせ，Bには十分に加熱して冷ました森林の土をのせる。室内の暗い場所に3日間置く。

A

森林でとった土

B

十分に加熱して冷ました森林の土

③培地の上の土を洗い流してとり除き，A，Bの表面のようすを観察する。また，ヨウ素液を加えて変化を調べる。

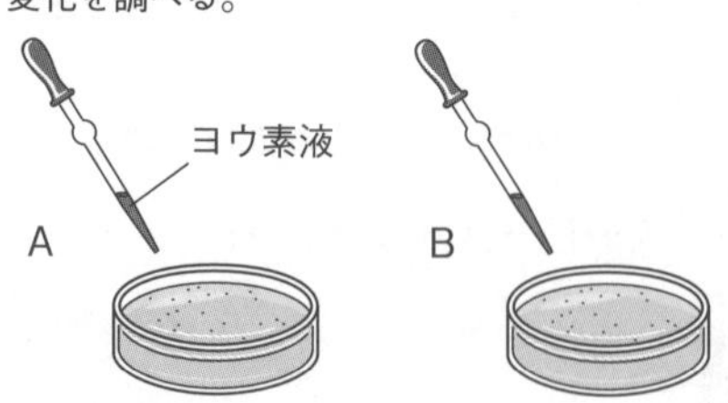

①②で3日間置いた後，培地の表面のようすに変化が見られたのは，AとBのどちらか。

②③で培地の表面全体が青紫色に変化したのは，AとBのどちらか。

③土の中の微生物が活動したと考えられるのは，AとBのどちらか。

④③はどのような活動か説明しなさい。

⑤生態系において④のようなはたらきをする生物を何というか。

⑥土の中の微生物には，カビのなかまや大腸菌のなかまがいる。それぞれのなかまを何というか。

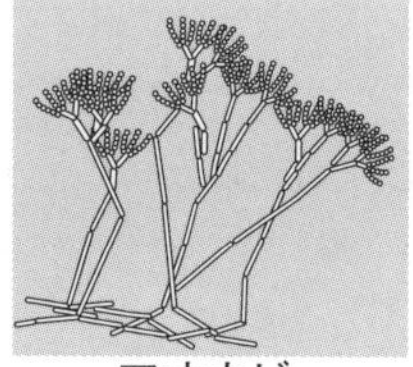

アオカビ　　大腸菌

解答

①A

②B

③A

④デンプンを分解する活動

⑤分解者

⑥カビのなかま：菌類

大腸菌のなかま：細菌類

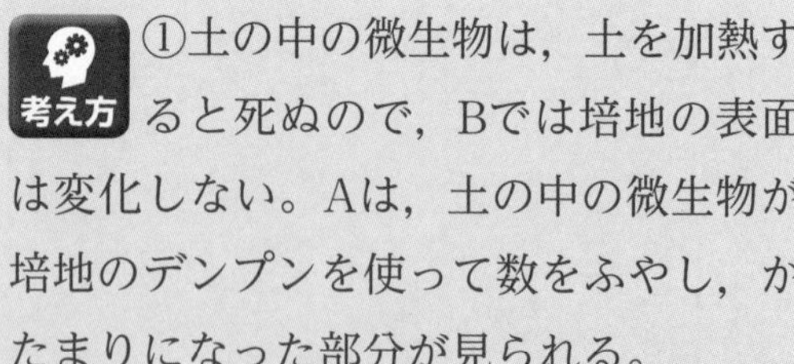

考え方 ①土の中の微生物は，土を加熱すると死ぬので，Bでは培地の表面は変化しない。Aは，土の中の微生物が培地のデンプンを使って数をふやし，かたまりになった部分が見られる。

②，③Bの培地のデンプンはそのまま残っているので，培地の表面全体が青紫色になる。Aの培地のかたまりとそのまわりでは，培地のデンプンが微生物によって分解されてなくなっているので，青紫色に変化しない。

④土の中の微生物は，とりこんだ有機物を呼吸によって無機物に分解し，生命活動に必要なエネルギーを得ている。
⑤生態系において，生物の死がいやふんなどの有機物をとりこんでいる，土の中の小動物や微生物を分解者という。
⑥カビやキノコなどは菌類，乳酸菌や大腸菌などは細菌類である。

5 物質の循環

図は，生物どうしの関係によって自然界を循環する物質を表している。次の問いに答えなさい。

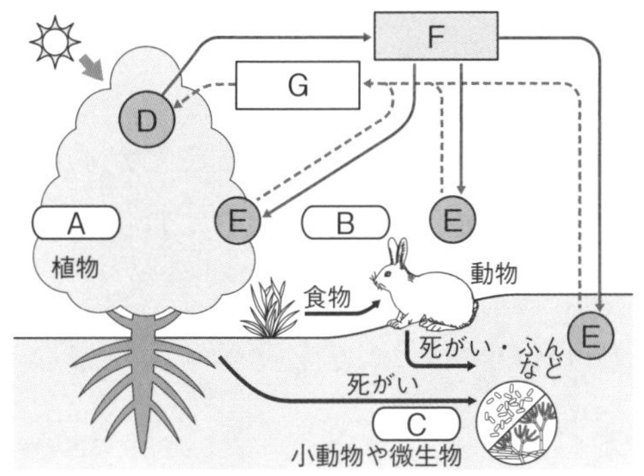

①自然界でのはたらきから，植物，動物，小動物や微生物は何とよばれるか。図の中のA，B，Cにあてはまることばを答えなさい。
②植物や動物が行うはたらきD，Eは何か。
③F，Gの物質は何か。

解答 ①A：生産者　B：消費者
C：分解者
②D：光合成　E：呼吸
③F：酸素　G：二酸化炭素

考え方 ②Dは植物だけ，Eは全ての生物が行っているはたらきである。

③全ての生物は，呼吸によって酸素をとり入れ，二酸化炭素を放出している。

6 生物の数のつり合い

図は，19世紀末にカナダのニューファンドランド島に持ちこまれたカンジキウサギと，それを食物とするヤマネコのおよその数の変動を表している。どちらの数がどちらの数に，どのように影響していると考えられるか説明しなさい。

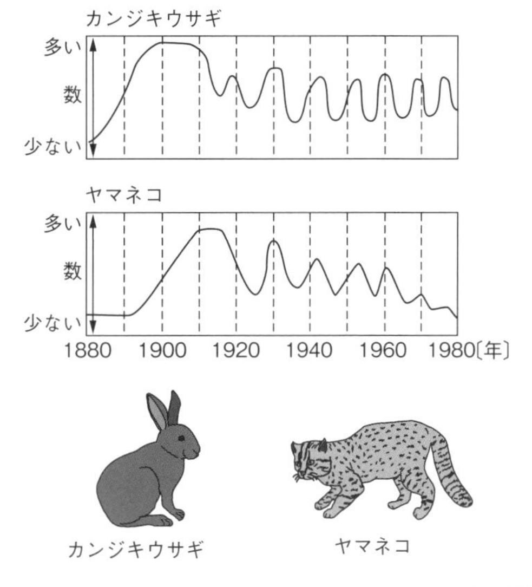

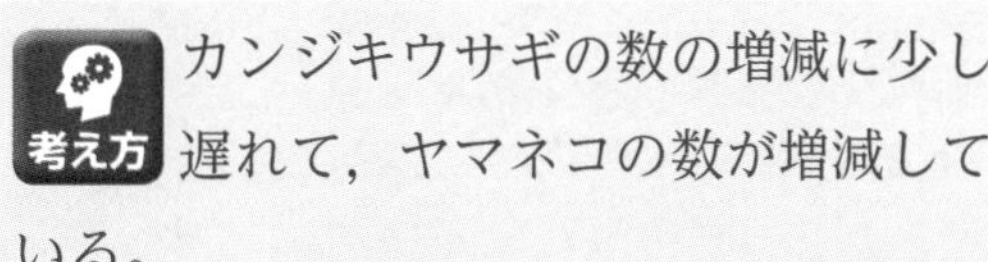

解答 カンジキウサギがふえると，後でヤマネコもふえ，減るとヤマネコも減ることから，カンジキウサギの数がヤマネコの数に影響しているといえる。

考え方 カンジキウサギの数の増減に少し遅れて，ヤマネコの数が増減している。

読解力問題

❶ 堆肥をつくる

解答 微生物が呼吸しやすくして，有機物の分解を促(うなが)すため。

考え方 微生物は，呼吸のはたらきで，酸素を使って，有機物を二酸化炭素や水などの無機物に分解している。微生物が呼吸をしやすくするためには，酸素を行き渡(わた)らせることが必要である。

❷ 生物の数量のつり合い

解答 ①

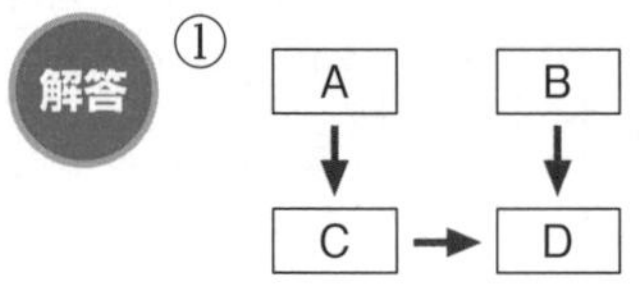

②C

考え方 ①図２からAはCに食べられること，図３からBはDに食べられることがわかる。図４のBの数は図３と同じで，Aの数は図２より多いので，CはDに食べられて数が少なくなることがわかる。

②DはBとCを食べるので，Bが死滅した場合，DはBのかわりにCを食べるようになる。そのため，最初に減少し始めるのはCである。

単元4 化学変化とイオン

1章 水溶液とイオン

① 電流が流れる水溶液

テーマ　電解質　非電解質　イオン　電離

教科書のまとめ

□電解質（でんかいしつ）
▶水に溶かしたとき，水溶液に電流が流れる物質。→実験1

□非電解質（ひでんかいしつ）
▶水に溶かしたとき，水溶液に電流が流れない物質。→実験1

□水溶液に電流が流れているときの変化
▶電解質の水溶液に電圧を加えると電流が流れる。

① 塩化銅水溶液に電圧を加えると，陰極（いんきょく）に銅が付着し，陽極から塩素が発生する。→実験2

塩化銅 ―→ 銅 ＋塩素

$CuCl_2 \longrightarrow Cu + Cl_2$

② 塩酸に十分な電圧を加えると，陰極から水素，陽極から塩素が発生する。→やってみよう

塩化水素 ―→ 水素＋塩素

$2HCl \longrightarrow H_2 + Cl_2$

知識
塩素は，空気より密度が大きい黄緑色の気体で，特有の刺激臭（しげきしゅう）がある。脱色（だっしょく）作用，殺菌作用がある。

□イオン
▶電気を帯びた粒子（りゅうし）のこと。

① 陽（よう）イオン…＋の電気を帯びた粒子。

② 陰（いん）イオン…－の電気を帯びた粒子。

□電離（でんり）
▶電解質が水に溶け，陽イオンと陰イオンに分かれること。電解質の水溶液では，電解質が電離してイオンが存在するため，電流が流れる。非電解質の水溶液では，非電解質が分子のまま水中に散らばり，イオンが存在しないため，電流が流れない。

知識
塩化ナトリウムは，ナトリウムイオン（陽イオン）と塩化物イオン（陰イオン）に電離する。

教科書 p.169

実験のガイド

実験1 電流が流れる水溶液

❶ 水溶液をつくる。
精製水の入った試験管に物質を加えて溶かし，水溶液をつくる。
⇨1～4

❷ 純粋(じゅんすい)な水に電流が流れるか調べる。
図のような装置を組み立てる。精製水を入れた試験管に電極を入れ，6Vくらいの電圧を加えて，電流が流れるか調べる。

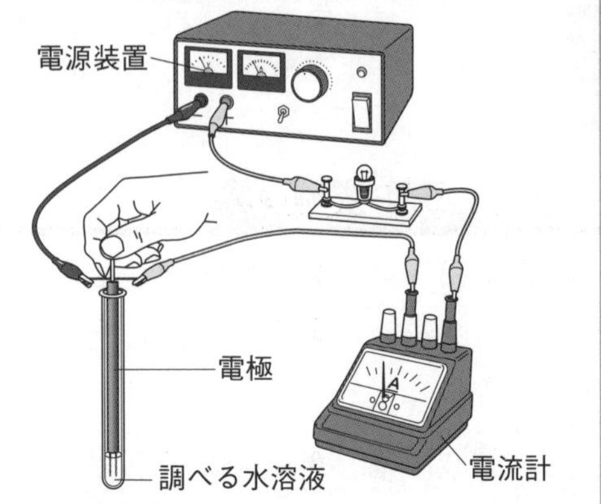

❸ 水溶液に電流が流れるか調べる。
いろいろな水溶液に電極を入れ，電圧を加えて電流が流れるか調べる。水溶液に電流が流れているときの電極付近のようすを観察する。⇨5

炭素電極を使う方法 ⇨6

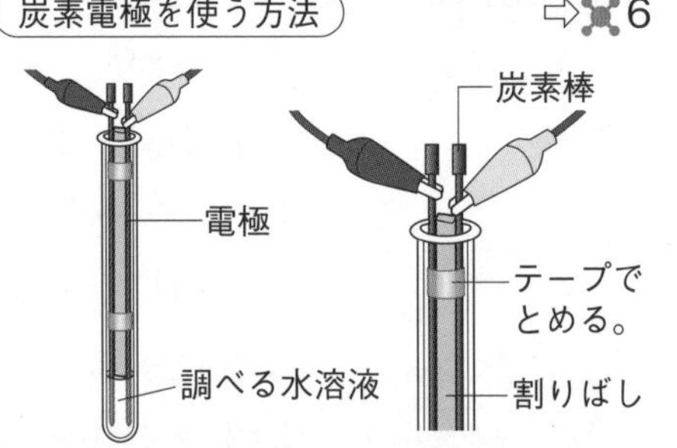

1 注意 保護眼鏡をかけ，水溶液が目に入らないようにする。
2 注意 有毒な気体が発生することがあるので，換気(かんき)をよくする。
3 注意 ぬれた手で装置を触らない。
4 注意 水溶液が，手などにつかないように注意する。ついてしまったら，すぐに多量の水で洗い流す。
5 コツ 調べる水溶液をかえるときは，電極を精製水でよく洗い，混ざらないようにする。
6 注意 導線のクリップどうしが直接ふれないようにする。

実験の結果

・精製水には電流が流れなかった。
・食塩水，塩酸，水酸化ナトリウム水溶液，塩化銅水溶液には電流が流れた。一方もしくは両方の電極から気体が発生した。
・精製水だけでなく，砂糖水，エタノール水溶液にも電流が流れず，気体は発生しなかった。

結果から考えよう

どのような水溶液にも電流が流れると考えられるか。

→水溶液には，電流が流れるものと流れないものがあることがわかる。

教科書 p.171

実験のガイド

実験2 塩化銅水溶液に電流が流れているときの変化

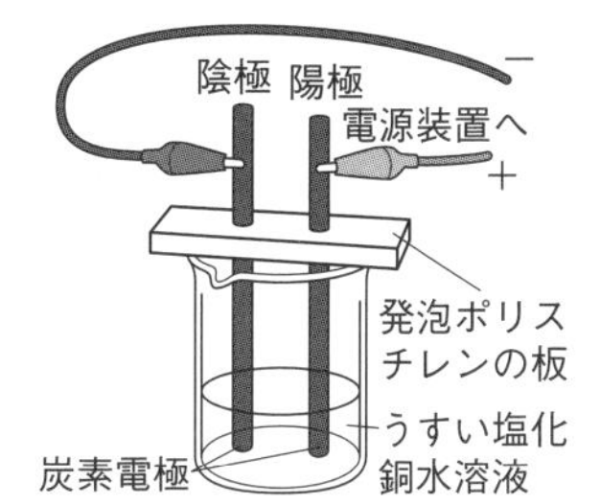

❶ 図のような装置を組み立てる。⇨1

❷ 水溶液に電圧を加える。
電圧を少しずつ大きくして，電極や水溶液のようすを観察する。化学変化が進んだら，電圧を加えるのをやめる。

❸ 陽極に発生した気体の性質を調べる。
陽極付近の液をとり，赤インクで色をつけた水に入れる。⇨2

❹ 陰極に付着した物質の性質を調べる。
陰極に付着した物質をろ紙にとり，乳棒でこする。

1 注意 保護眼鏡をかける。

2 注意 発生する気体は有毒なので，換気をよくし，吸わないようにする。

実験の結果

❷ 加える電圧を大きくしていくと，塩化銅水溶液に電流が流れた。

❸ 陽極から発生した気体には，プールの消毒薬のような特有の刺激臭があった。陽極付近の液を赤インクで色をつけた水に入れると，色が消えた。

❹ 陰極に付着した赤い物質をこすると，金属光沢が見られた。

結果から考えよう

陰極と陽極では，それぞれどのような化学変化が起こったと考えられるか。

→陰極に付着した赤い物質をこすると金属光沢が見られたことから，陰極では銅ができたと考えられる。

陽極付近の水溶液が赤インクの色を脱色したことや，発生した気体が特有の刺激臭をもつことから，陽極では塩素ができたと考えられる。

教科書 p.173

やってみよう

塩酸に電圧を加えてみよう

❶ 電解装置にうすい塩酸を入れ，電源装置とつなぎ，3～5Vの電圧を加える。⇨✖1～3

❷ 一方の電極で気体が装置の半分くらいまで集まったら，電圧を加えるのをやめる。

❸ それぞれの電極で発生した気体を調べる。⇨✖4

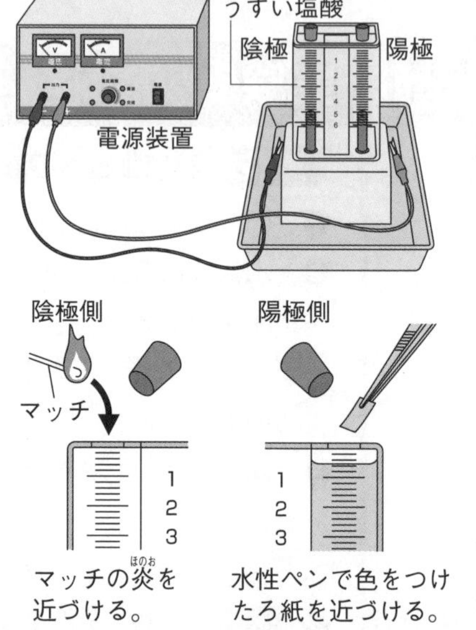

マッチの炎（ほのお）を近づける。

水性ペンで色をつけたろ紙を近づける。

✖1 注意 保護眼鏡をかける。

✖2 注意 水溶液が手などにつかないように注意する。ついてしまったら，すぐに多量の水で洗い流す。

✖3 注意 発生する気体は有毒なので，換気をよくし，吸いこまないようにする。

✖4 コツ 調べる極と反対側のゴム栓（せん）は閉じておく。

やってみようのまとめ

❶ 電圧が小さいと化学変化は起こらないが，十分な電圧を加えると両方の電極から気体が発生する。

❷ 陽極側に集まる気体の量は，陰極側に集まる気体の量より少ない。

❸ マッチの炎を近づけると音を立てて燃えるので，陰極から発生する気体は水素だとわかる。色をつけたろ紙を近づけると色が消え，プールの消毒薬のようなにおいがするので，陽極から発生する気体は塩素だとわかる。

② 原子とイオン

テーマ　原子の構造　イオンのでき方　イオンの表し方

教科書のまとめ

□原子のつくり
▶中心に＋の電気をもった原子核が1個あり，そのまわりに－の電気をもった電子がいくつかある。

□原子核(げんしかく)のつくり
▶＋の電気をもつ陽子(ようし)と，電気をもたない中性子(ちゅうせいし)からできている。原子核は陽子をもっているので，＋の電気をもつ。陽子と電子がもつ電気の量は同じで，1個の原子がもつ陽子の数と電子の数は等しいので，原子全体では電気を帯びない。

知識
多くの水素原子は中性子をもたない。

参考
原子がもつ陽子の数は原子番号に等しい。

□同位体(どういたい)
▶同じ元素で中性子の数が異なる原子。ふつう，中性子は化学変化に関係しないので，どの同位体も化学的な性質はほとんど等しい。

参考
同位体は，同じ元素だが，原子核にある中性子の数がちがう原子を意味する。

□イオンのでき方
▶電気的に中性な原子が，電子を放出すると陽イオンに，電子を受けとると陰イオンになる。金属の原子は，ふつう，陽イオンになる。非金属の原子は，ふつう，陰イオンになる。

注意
水素イオンは，非金属の水素が陽イオンになっている。

□電離のようす
▶電解質が水に溶けたときのようすを化学式を使って表せる。電離を表した式の左側と右側で原子の数が等しいことと，右側の＋の数と－の数が等しいことを確かめる。

知識
化合物は＋の電気の数と－の電気の数が等しいので，電気的に中性である。

振り返ろう

周期表を使って調べよう。

①炭素，窒素，酸素，ナトリウム，アルミニウムの陽子の数はいくつか調べよう。

②①の原子は，それぞれ電子をいくつもっているか，調べよう。

振り返ろうのまとめ

① 周期表の原子番号は原子のもつ陽子の数に等しいので，炭素は6，窒素は7，酸素は8，ナトリウムは11，アルミニウムは13である。

原子番号→ 7N ←元素記号
14 ←原子量
元素の名前→窒素

② 原子の中の電子の数は陽子の数と等しいので，炭素は6，窒素は7，酸素は8，ナトリウムは11，アルミニウムは13である。

教科書 p.181

演習 教科書p.180の表1を参考に，次の化合物が水の中で電離するようすを化学式を使って表しなさい。

①塩化アンモニウム　(NH_4Cl)

②硫酸銅　($CuSO_4$)

③塩化カルシウム　($CaCl_2$)

④炭酸ナトリウム　(Na_2CO_3)

演習の解答

①$NH_4Cl \longrightarrow NH_4^+ + Cl^-$

②$CuSO_4 \longrightarrow Cu^{2+} + SO_4^{2-}$

③$CaCl_2 \longrightarrow Ca^{2+} + 2Cl^-$

④$Na_2CO_3 \longrightarrow 2Na^+ + CO_3^{2-}$

考え方 ①塩化アンモニウムは，アンモニウムイオンと塩化物イオンに電離する。

②硫酸銅は，銅イオンと硫酸イオンに電離する。

③塩化カルシウムは，カルシウムイオンと塩化物イオンに電離する。カルシウムイオンは，2個の電子を放出してできる。陽イオンの＋の電気の数と陰イオンの－の電気の数が等しくなるようにする。

④炭酸ナトリウムは，ナトリウムイオンと炭酸イオンに電離する。

章末問題

①電解質と非電解質を２つずつあげなさい。
②塩化銅水溶液に電圧を加えると陽極で得られる物質を確認するにはどうしたらよいか。
③陽子，電子，中性子のうち，原子核に含まれるのはどれか。
④塩化ナトリウムが水の中で電離するようすを化学式を使って表しなさい。

①電解質…塩化ナトリウム，塩化水素，水酸化ナトリウム　など
　非電解質…ショ糖，エタノール，ブドウ糖　など
②においを嗅ぐ。脱色作用があるかを調べる。
③陽子，中性子
④$NaCl \longrightarrow Na^{+} + Cl^{-}$

①水溶液に電流が流れる物質が電解質，電流が流れない物質が非電解質である。
②塩化銅水溶液に電圧を加えると，陰極に銅が付着し，陽極から塩素が発生する。
③－の電気をもつ電子は，原子核のまわりにある。
④電離とは，電解質が水に溶けて陽イオンと陰イオンに分かれることである。

Science Press 発展

イオンの生成と原子の電子配置

①原子の電子配置

　原子がもつ電子はいくつかの電子殻に分かれて存在する。電子は内側の電子殻から順に入るので，原子の種類によって電子殻への電子の入り方(電子配置)は決まっている。

②最外殻電子と周期表

　一番外側の電子殻に入っている電子を最外殻電子という。最外殻電子の数が同じ元素の原子どうしは，性質が似ている。最外殻電子が２個のヘリウム，８個のネオン，アルゴン…と続く，周期表上の縦の列のものを貴ガスといい，電子配置が安定している。貴ガス以外の原子は，なるべく貴ガスと同じ電子配置になろうとする。

③イオンのでき方

最外殻電子の数が少ない原子は，最外殻電子を失うと貴ガスと同じ電子配置になるため，陽イオンになりやすい。最外殻電子の数が多い原子は，電子を受けとると貴ガスと同じ電子配置になるため，陰イオンになりやすい。

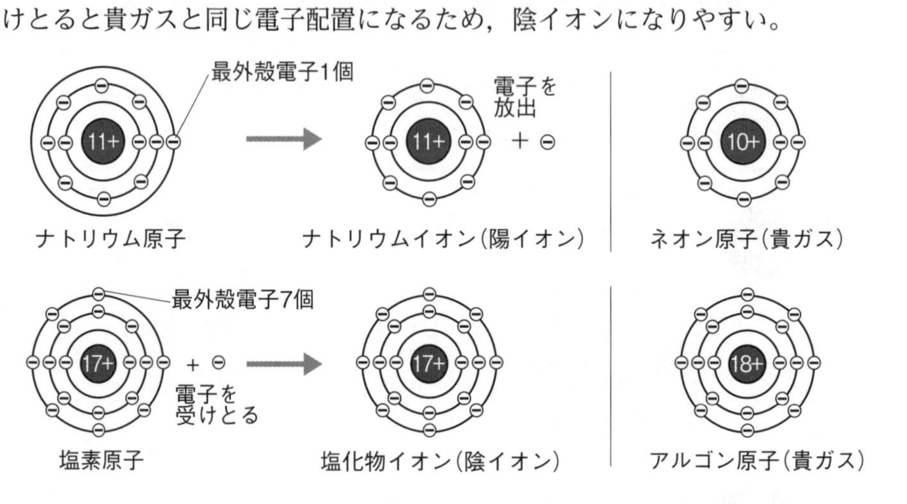

単元4 化学変化とイオン

2章 化学変化と電池

① イオンへのなりやすさ

テーマ　イオンへのなりやすさ

教科書のまとめ

□硫酸銅水溶液と金属板の化学変化

▶硫酸銅は，水の中では銅イオンと硫酸イオンに電離している。

$CuSO_4 \longrightarrow Cu^{2+} + SO_4^{2-}$

① 硫酸銅水溶液に銅板を入れると，銅板は変化しない。

② 硫酸銅水溶液に亜鉛(あえん)板を入れると，亜鉛板は厚さがうすくなり，亜鉛板のまわりには赤い物質(銅)が付着する。

→亜鉛原子が電子を放出して亜鉛イオンになり，電子を水溶液中の銅イオンが受けとり，銅原子になる。

亜鉛 ⟶ 亜鉛イオン＋電子　　$Zn \longrightarrow Zn^{2+} + 2e^-$

銅イオン＋電子 ⟶ 銅　　$Cu^{2+} + 2e^- \longrightarrow Cu$

□硫酸亜鉛(りゅうさんあえん)水溶液と金属板の化学変化

▶硫酸亜鉛は，水の中では亜鉛イオンと硫酸イオンに電離している。

$ZnSO_4 \longrightarrow Zn^{2+} + SO_4^{2-}$

① 硫酸亜鉛水溶液に銅板を入れると，銅板は変化しない。

② 硫酸亜鉛水溶液に亜鉛板を入れると，亜鉛板は変化しない。

③ 硫酸亜鉛水溶液にマグネシウム板を入れると，マグネシウム板に黒い物質(亜鉛)が付着する。

→マグネシウム原子が電子を放出してマグネシウムイオンになり，電子を水溶液中の亜鉛イオンが受けとり，亜鉛原子になる。

マグネシウム ⟶ マグネシウムイオン＋電子

$Mg \longrightarrow Mg^{2+} + 2e^-$

亜鉛イオン＋電子 ⟶ 亜鉛　　$Zn^{2+} + 2e^- \longrightarrow Zn$

→ 実験3

□イオンへのなりやすさ

▶イオンへのなりやすさは金属の種類によって異なる。

参考 イオン化傾向(かけいこう)

代表的な金属を陽イオンへのなりやすさの順に並べると，Na，Mg，Zn，Fe，(H_2)，Cu，Ag，Auとなる。

単元4 2章

教科書 p.187

実験のガイド

実験3 金属のイオンへのなりやすさ

❶ マイクロプレートに金属板と水溶液を入れる。

マイクロプレートの縦の列に同じ種類の金属板，横の列に同じ種類の水溶液を入れる。

⇨※1，2

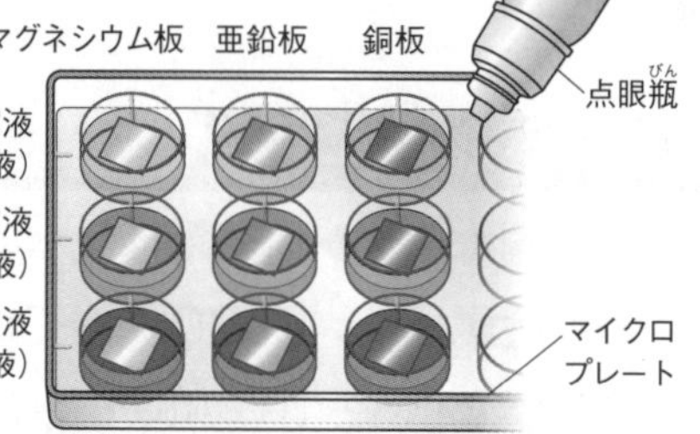

❷ 金属板付近のようすを観察する。

それぞれの組み合わせで，金属板付近でどのような変化が起こっているか観察する。

※1 注意 保護眼鏡をかける。

※2 注意 金属板で手を切らないように注意して操作する。

実験の結果

	マグネシウム板	亜鉛板	銅板
Mg^{2+}を含む水溶液	変化なし	変化なし	変化なし
Zn^{2+}を含む水溶液	金属板がうすくなり，黒い物質が付着した。	変化なし	変化なし
Cu^{2+}を含む水溶液	金属板がうすくなり，赤い物質が付着した。	金属板がうすくなり，赤い物質が付着した。	変化なし

結果から考えよう

①金属の種類によって，イオンへのなりやすさに差があると考えられるか。

→金属の種類によって，イオンへのなりやすさに差がある。

②金属板付近の変化から，銅，亜鉛，マグネシウムのイオンへのなりやすさはどの順になると考えられるか。

→亜鉛板は銅イオンを含む水溶液に入れたときだけ変化し，マグネシウム板は銅イオンを含む水溶液，亜鉛イオンを含む水溶液とも変化があった。また，銅板は，どの水溶液に入れても変化しなかった。したがって，亜鉛は銅より，マグネシウムは亜鉛や銅よりイオンになりやすいことがわかる。よって，マグネシウム，亜鉛，銅の順に，イオンになりやすいと考えられる。

② 電池とイオン

電池(化学電池)　　ダニエル電池

教科書のまとめ

□電池(化学電池)	▶化学エネルギーを電気エネルギーに変換する装置。
□ボルタ電池	▶亜鉛板と電解質の水溶液，銅板の１組からできている電池。イタリアの物理学者ボルタが1800年に発表したボルタの電堆をもとにしたもの。短時間しかはたらかず，安定した電源にならない。 → やってみよう
□ダニエル電池	▶銅板と亜鉛板の２種類の金属板と，２種類の電解質の水溶液，セロハンなどを使用した電池。イギリスの化学者ダニエルが1836年に発明し，ボルタ電池より長時間はたらく。　→ 実験4 **参考** セロハンのはたらき 水の粒子やイオンが通る小さい穴があり，水溶液が簡単に混ざり合わないようにしている。
□ダニエル電池の電極での化学変化	▶亜鉛板が－極，銅板が＋極になる。亜鉛板から出た電子は導線を通って銅板に移動する。電流は，銅板から導線を通って亜鉛板に向かって流れる。 ① －極で起こる化学変化…亜鉛原子が電子を放出して亜鉛イオンになる。 亜鉛 ⟶ 亜鉛イオン＋電子　　$Zn \longrightarrow Zn^{2+}+2e^-$ ② ＋極で起こる化学変化…硫酸銅水溶液中の銅イオンが電子を受けとり，銅原子になって銅板に付着する。 銅イオン＋電子 ⟶ 銅　　$Cu^{2+}+2e^- \longrightarrow Cu$ ③ 全体の化学変化 亜鉛＋銅イオン ⟶ 亜鉛イオン＋銅 $Zn+Cu^{2+} \longrightarrow Zn^{2+}+Cu$ 電極に２種類の金属を使った電池では，イオンになりやすい方の金属が－極，イオンになりにくい方の金属が＋極になる。

やってみよう

ボルタ電池をつくってみよう

❶ うすい塩酸の中に銅板と亜鉛板を入れる。⇨✖1〜3

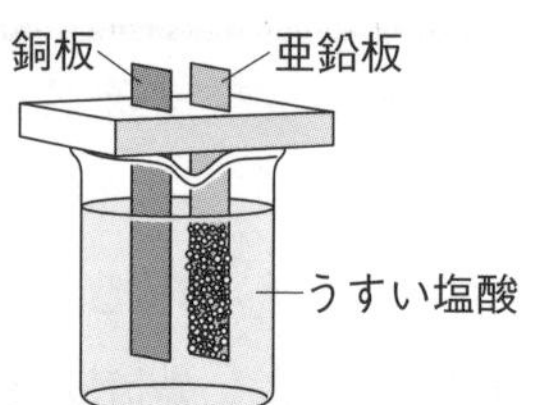

❷ 亜鉛板と銅板を導線でモーターにつなぐ。

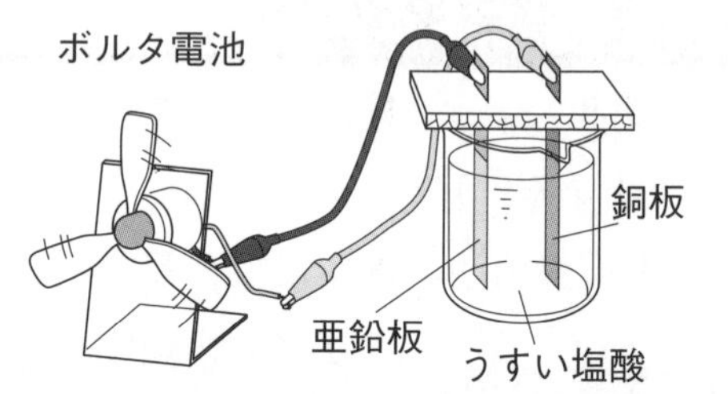

✖1 注意 保護眼鏡をかける。
✖2 注意 水素が発生するため，火の近くで実験しない。

✖3 注意 金属板で手を切らないように注意して操作する。

やってみようのまとめ

- モーターが回転しているとき，銅板(＋極)に泡がついていた。→銅板から気体が発生した。
- 実験後の亜鉛板(−極)は，うすい塩酸につかっていた部分の表面がざらついていた。→亜鉛板が溶け出した。

教科書
p.193

実験のガイド

実験4 ダニエル電池

❶ 装置を組み立てる。
図のように，装置を組み立てる。⇨✖1〜3

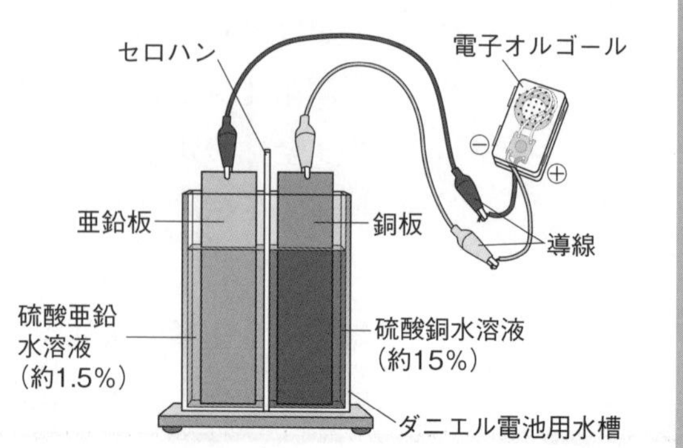

❷ 電流の向きを調べる。
電子オルゴールが鳴るかどうかで電流の向きを調べる。
❸ 実験のようすを観察する。
モーターにつなぎかえて，金属板，水溶液のようすをしばらく観察する。

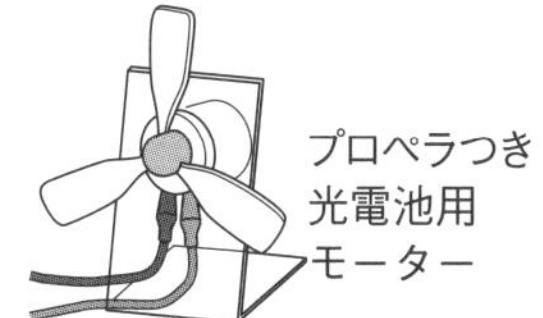

❹ 金属板に付着した物質を調べる。
しばらく電流を流した後，金属板の表面をろ紙などで拭(ふ)き，付着した物質を観察する。

いろいろな形の実験装置

ダニエル電池には，いろいろな形があり，セロハンだけでなく，素焼きの容器を使ったものもある。

1 注意 保護眼鏡をかける。
2 注意 金属板で手を切らないように注意して操作する。

3 コツ 電子オルゴールは，＋極と－極が正しくつながっていないと，音が鳴らない。

実験の結果

❷ 亜鉛板を－極，銅板を＋極につなぐと，電子オルゴールの音が鳴った。
❸ 金属板を光電池用モーターにつなぐと，モーターが回り，金属板をつなぎかえるとモーターの回る向きが逆になった。
❹ 銅板の表面に赤い物質が付着し，亜鉛板は表面に凹凸(おうとつ)ができて，黒くなっていた。また，硫酸銅水溶液の色がうすくなっていた。

結果から考えよう

①銅板と亜鉛板のどちらが＋極で，どちらが－極になると考えられるか。
→銅板が＋極，亜鉛板が－極になると考えられる。
②金属板や水溶液の変化から，銅板や亜鉛板では，どのような化学変化が起こったと考えられるか。
→亜鉛板は表面に凹凸ができて黒くなったことから，亜鉛板では亜鉛原子が電子を放出して亜鉛イオンになる化学変化が起こったと考えられる。また，銅板の表面に赤い物質(銅)が付着したことから，銅板では水溶液の中の銅イオンが電子を受けとって，銅原子になる化学変化が起こったと考えられる。

③ いろいろな電池

テーマ　一次電池　二次電池　燃料電池

教科書のまとめ

□一次電池	▶充電(じゅうでん)ができない電池。アルカリ乾電池，マンガン乾電池，リチウム電池，ダニエル電池，ボルタ電池など。
□二次電池	▶充電によって，繰り返し使える電池。リチウムイオン電池，ニッケル水素電池，鉛蓄電池(なまりちくでんち)(自動車のバッテリー)など。
□燃料電池(ねんりょうでんち)	▶燃料が酸化される化学変化から，電気エネルギーをとり出す装置のこと。燃料電池自動車は，燃料の水素を供給して連続的に電気エネルギーをとり出すことができ，動作中にできる物質は水だけなので，ガソリン車よりも大気汚染(おせん)を引き起こさない。

教科書 p.197 やってみよう

いろいろな電池をつくってみよう

A　果物電池

❶　レモンを半分に切って，銅板と亜鉛板などの2種類の金属板をさす。⇨1

❷　金属板と電子オルゴールなどを，導線でつなぐ。

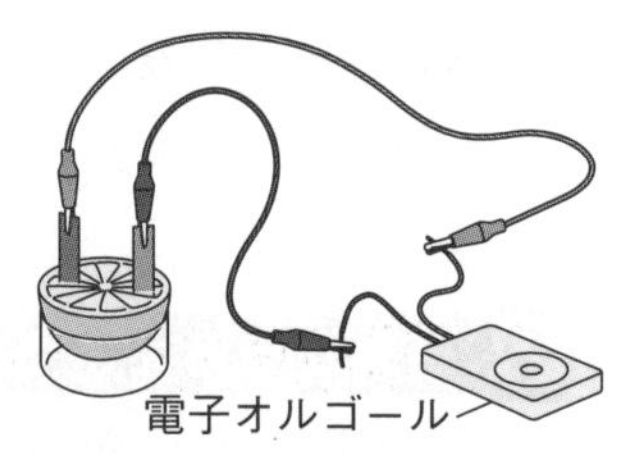

B　備長炭(びんちょうたん)電池

❶　食塩水で湿らせたキッチンペーパーを備長炭に巻き，その上からアルミニウムはくを巻く。

❷　備長炭に針金を巻く。

❸　モーターなどをつなぎ，電流が流れるか調べる。

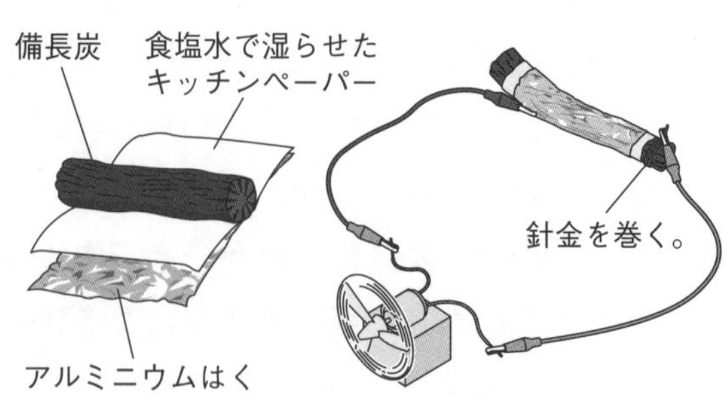

1　注意 実験で使った果物を口に入れない。

やってみようのまとめ

A　２種類の金属板につないだ電子オルゴールが鳴るので，レモン汁（じる）は電解質の水溶液であり，電池ができているとわかる。

B　電流が流れてモーターが回転するので，アルミニウムはくと針金が電極の電池になる。電流を流し続けると，アルミニウムはくが溶け出してぼろぼろになることから，アルミニウムはくが－極になっていることがわかる。

教科書 p.197

章末問題

①亜鉛板を銅イオンを含む水溶液に入れたときの化学変化を化学反応式で表しなさい。
②ダニエル電池で，銅板に付着する物質は何か。
③燃料が酸化される化学変化から，電池エネルギーをとり出す装置を何というか。

①$Zn \longrightarrow Zn^{2+} + 2e^-$

$Cu^{2+} + 2e^- \longrightarrow Cu$

②銅

③燃料電池

①，②亜鉛原子が電子を放出して亜鉛イオンになる。その電子を，水溶液の中の銅イオンが受けとって銅原子になる。そのため，銅原子が付着する。

テスト対策問題

解答は巻末にあります。

時間30分　　/100

1 右の図のような装置で，うすい塩酸（塩化水素の水溶液）に電圧を加えたところ，それぞれの電極から塩素と水素が発生した。次の問いに答えよ。8点×7(56点)

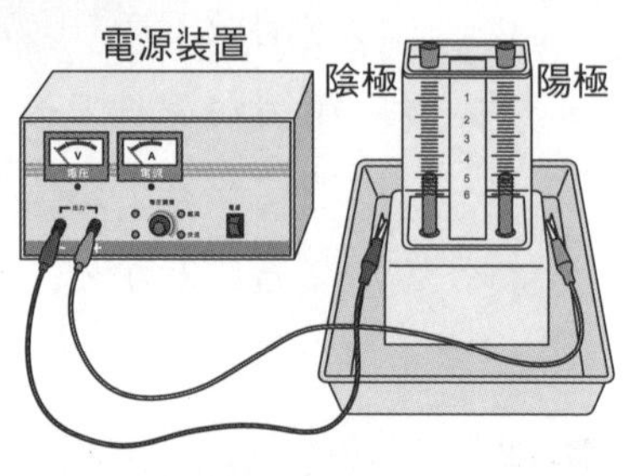

(1)　次の文の（　）にあてはまる語句を答えよ。

①（　　　　　）②（　　　　　）
③（　　　　　）④（　　　　　）

塩化水素のように，物質が水に溶けて，＋の電気を帯びた（①）と－の電気を帯びた（②）に分かれることを（③）といい，（③）する物質を（④）という。

(2)　陰極から発生した気体は，塩素と水素のどちらか。（　　　　）

(3)　発生する塩素と水素の体積は同じであると考えられるが，集まった気体の体積は塩素の方が少なかった。集まった塩素の体積が少なかったのは，塩素にどのような性質があるからか。（　　　　　　　　）

(4)　うすい塩酸に電圧を加えたときの化学変化を，化学反応式で書け。

（　　　　　　　　）

2 次の文は，原子の構造について説明したものである。（　）にあてはまる語句を答えよ。8点×3(24点)

①（　　　　　）②（　　　　　）③（　　　　　）

原子の中心にある原子核は＋の電気をもつ（①）と電気をもたない（②）でできており，原子核のまわりに－の電気をもついくつかの（③）がある。

3 右の図のように，ダニエル電池をつくり，光電池用モーターにつなぐと，モーターが回った。しばらくすると，亜鉛板の表面に凹凸ができ，銅板の表面に銅が付着していた。次の問いに答えよ。10点×2(20点)

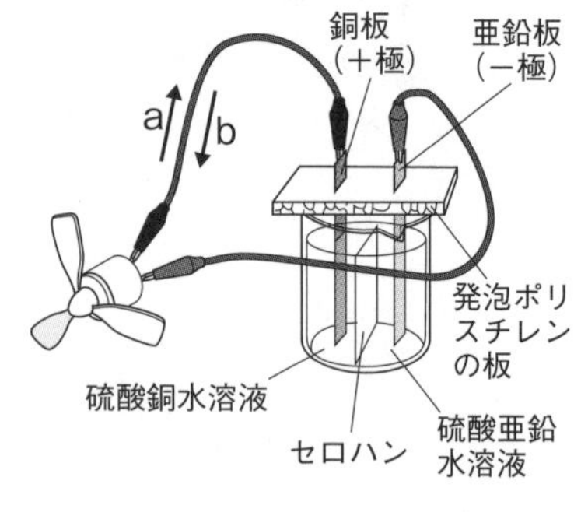

(1)　モーターが回転しているときの電流の向きと電子の移動する向きについて，正しいものをア〜エから選べ。（　　）

ア　電流も電子もaの向き　　イ　電流はa，電子はbの向き
ウ　電流はb，電子はaの向き　　エ　電流も電子もbの向き

(2)　亜鉛板の表面では，$Zn \longrightarrow Zn^{2+} + 2e^-$ の化学変化が起こっている。これにならって，銅板の表面で起こっている化学変化を書け。

（　　　　　　　　）

単元4 化学変化とイオン

3章 酸・アルカリとイオン

① 酸・アルカリ

テーマ　酸　アルカリ　pH

教科書のまとめ

□酸性の水溶液	▶次のような共通の性質をもつ。 → 実験5 ① 青色リトマス紙を赤色に変える。 ② 緑色のBTB液を入れると，黄色に変わる。 ③ マグネシウムを入れると，水素が発生する。 ④ 電解質の水溶液である。
□中性の水溶液	▶次のような共通の性質をもつ。 → 実験5 ① 赤色・青色リトマス紙のどちらの色も変えない。 ② 緑色のBTB液を入れても，色が変わらない。
□アルカリ性の水溶液	▶次のような共通の性質をもつ。 → 実験5 ① 赤色リトマス紙を青色に変える。 ② 緑色のBTB液を入れると，青色に変わる。 ③ フェノールフタレイン液を入れると赤色に変わる。 ④ 電解質の水溶液である。
□酸(さん)	▶水に溶けて水素イオンを生じる物質。水素イオンH^+が酸性の性質を示す。 → 実験6 酸 ─→ 水素イオン＋陰イオン
□アルカリ	▶水に溶けて水酸化物イオンを生じる物質。水酸化物イオンOH^-がアルカリ性の性質を示す。 → 実験6 アルカリ ─→ 陽イオン＋水酸化物イオン
□指示薬(しじやく)	▶色の変化によって，酸性・中性・アルカリ性を調べられる薬品。
□pH(ピーエイチ)	▶酸性・アルカリ性の強さを表す数値。pHは7が中性で，値が小さいほど酸性が強く，大きいほどアルカリ性が強い。 参考 水素イオンを多く含む水溶液ほど，pHは小さい。

実験のガイド

実験5 水溶液の酸性・中性・アルカリ性

❶ リトマス紙で調べる。
リトマス紙にそれぞれの水溶液をつけたときの色の変化を観察する。⇨※1〜3

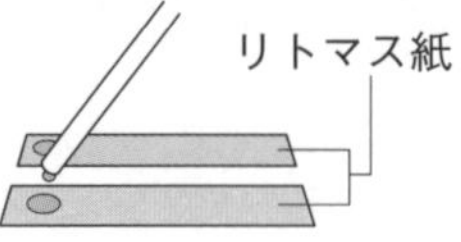

❷ 指示薬で調べる。
縦に同じ種類の水溶液，横に同じ種類の指示薬を入れる。

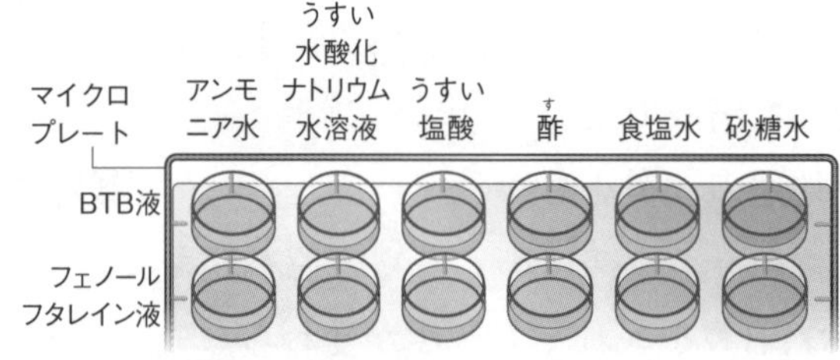

❸ マグネシウムリボンを入れて調べる。
気体が発生したら，その気体を集め，火をつけてみる。

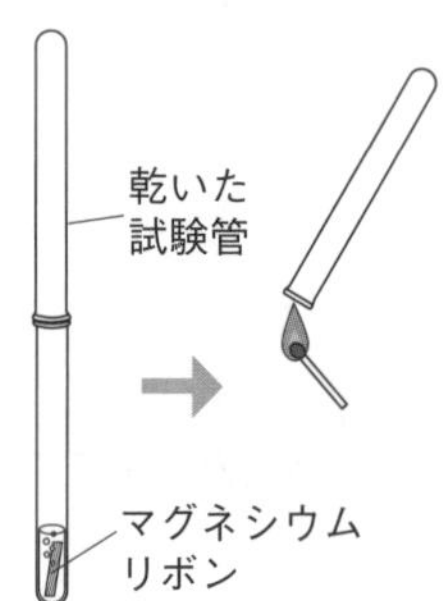

※1 コツ ガラス棒は調べる水溶液を変えるたびに精製水で洗うか，水溶液ごとに別のものを使う。

※2 注意 保護眼鏡をかけ，水溶液が目に入らないようにする。

※3 注意 うすい塩酸やうすい水酸化ナトリウム水溶液，アンモニア水が，手などにつかないよう注意する。ついてしまったら，すぐに多量の水で洗い流す。

実験の結果

	アンモニア水	うすい水酸化ナトリウム水溶液	うすい塩酸	酢	食塩水	砂糖水
赤色リトマス紙	青くなった。	青くなった。	変化なし	変化なし	変化なし	変化なし
青色リトマス紙	変化なし	変化なし	赤くなった。	赤くなった。	変化なし	変化なし
BTB液	青色	青色	黄色	うすい黄色	緑色	緑色
フェノールフタレイン液	うすい赤色	赤色	無色	無色	無色	無色
マグネシウムリボンを入れたときの変化	変化なし	変化なし	激しく泡が出た。	泡が出た。	変化なし	変化なし

❸ 気体が音を立てて燃えたので，発生した気体は水素である。

結果から考えよう

①それぞれの水溶液は酸性・中性・アルカリ性のどれであると考えられるか。

→うすい塩酸，酢は酸性であり，食塩水，砂糖水は中性，アンモニア水，うすい水酸化ナトリウム水溶液はアルカリ性であると考えられる。

②酸性の水溶液には，どのような共通した性質があると考えられるか。

→青色リトマス紙を赤色に変える，緑色のBTB液を黄色に変える，マグネシウムリボンを入れると水素が発生する，などの性質があると考えられる。

③アルカリ性の水溶液には，どのような共通した性質があると考えられるか。

→赤色リトマス紙を青色に変える，緑色のBTB液を青色に変える，無色のフェノールフタレイン液を赤色に変える，などの性質があると考えられる。

実験のガイド

実験6 酸性・アルカリ性の正体

❶ 装置を組み立てる。

図のように，スライドガラスにろ紙を置き，クリップではさみ，電源装置につなぐ。中央にpH試験紙(または青色リトマス紙)を置き，硝酸(しょうさん)カリウム水溶液(または食塩水)で湿らせる。

⇨✖1，2

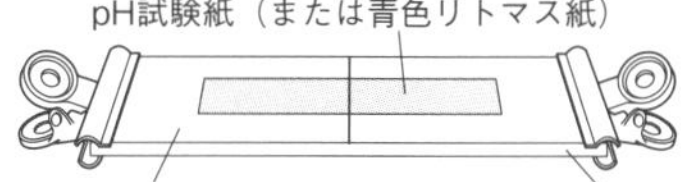

❷ 塩酸をつける。

竹串(たけぐし)を使って，中央の線上にうすい塩酸をつける。

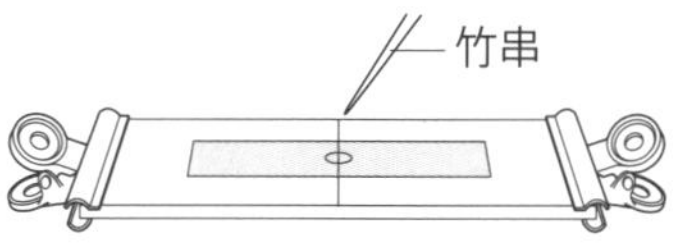

❸ 電圧を加える。

電圧(10～15V程度)を加え，色の変化を観察する。⇨✖3，4

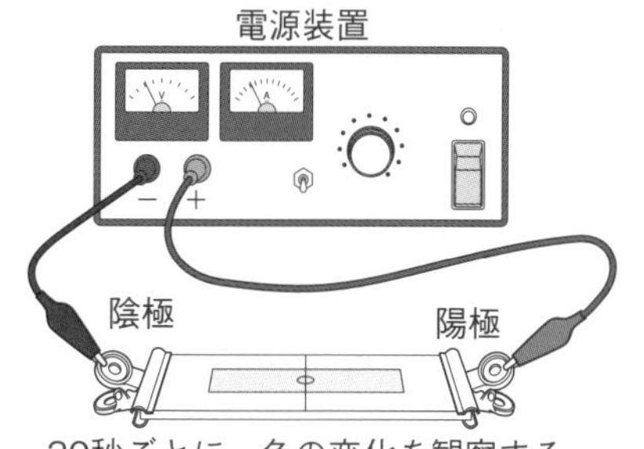

30秒ごとに，色の変化を観察する。

❹ 水酸化ナトリウム水溶液についても❶～❸を行う。

うすい塩酸のかわりに，うすい水酸化ナトリウム水溶液とpH試験紙(または赤色リトマス紙)を使って，同様の実験を行う。

✖1 注意 保護眼鏡をかける。

✖2 コツ 中央に鉛筆(えんぴつ)で印をつけておく。

✖3 注意 電圧を加えているときは，クリップにふれない。

✖4 コツ 塩酸をつけたら，すぐに電圧を加える。

実験の結果

・うすい塩酸の場合，pH試験紙の色が赤色に変化し，電圧を加えると，赤色の点が陰極側へ広がった。

・うすい水酸化ナトリウム水溶液の場合，pH試験紙の色が青色に変化し，電圧を加えると，青色の点が陽極側へ広がった。

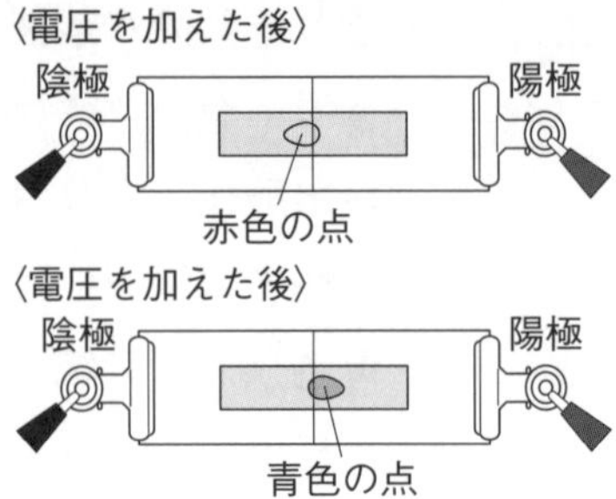

結果から考えよう

pH試験紙につけたうすい塩酸やうすい水酸化ナトリウム水溶液の点の変化から，どのようなことが考えられるか。

→酸性かどうかを決める物質は，＋の電気を帯びていると考えられる。また，アルカリ性かどうかを決める物質は，－の電気を帯びていると考えられる。

教科書 p.207

やってみよう

身のまわりのもののpHを測定してみよう

pH試験紙やpHメーターを使って，身のまわりのもののpHを測定してみよう。

⇨1～3

1 注意 保護眼鏡をかける。
2 注意 液体が皮ふなどにつかないように注意する。

3 コツ 別の液体を調べるときは，装置や器具を精製水で洗ってから調べる。

やってみようのまとめ

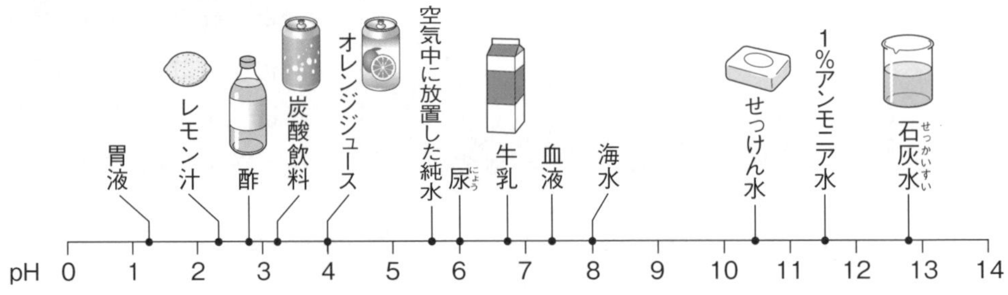

② 中和と塩

テーマ　中和　塩

教科書のまとめ

□中和（ちゅうわ）
▶酸性の水溶液とアルカリ性の水溶液を混ぜ合わせたときに起こる，互いの性質を打ち消し合う化学変化。中和のときは，酸の水素イオンとアルカリの水酸化物イオンが結びつくことで水ができる。

→ 実験7

酸＋アルカリ ──→ 塩＋水

□塩（えん）
▶中和によって，酸の陰イオンとアルカリの陽イオンが結びついてできる物質。

□いろいろな中和と塩
▶酸とアルカリの種類がちがうと，できる塩の種類も変わる。

① 塩酸と水酸化ナトリウム水溶液の中和

$HCl + NaOH \longrightarrow NaCl + H_2O$

塩化水素　水酸化ナトリウム　塩化ナトリウム　水

② 炭酸水と水酸化カルシウム水溶液(石灰水)の中和

$H_2CO_3 + Ca(OH)_2 \longrightarrow CaCO_3 + 2H_2O$

炭酸　水酸化カルシウム　炭酸カルシウム　水

③ 硫酸と水酸化バリウム水溶液の中和

$H_2SO_4 + Ba(OH)_2 \longrightarrow BaSO_4 + 2H_2O$

硫酸　水酸化バリウム　硫酸バリウム　水

教科書 p.210

基本操作

こまごめピペットの使い方⇨ 1，2

❶ ゴム球を押して，こまごめピペットの中の空気を出す。
❷ ゴム球を押したまま，こまごめピペットの先を液につけて，ゴム球からゆっくり指を放しながら，液を吸い上げる。
❸ ゴム球を押して必要な量の液を落とす。

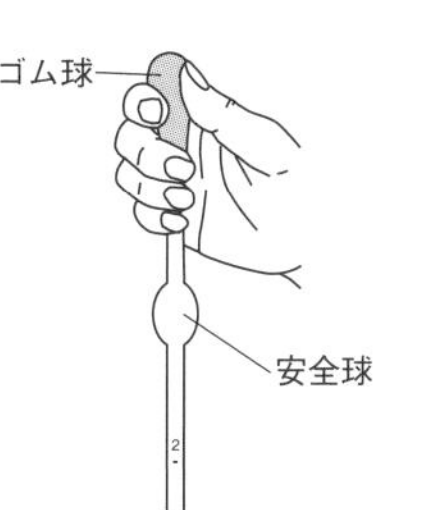

単元4　3章

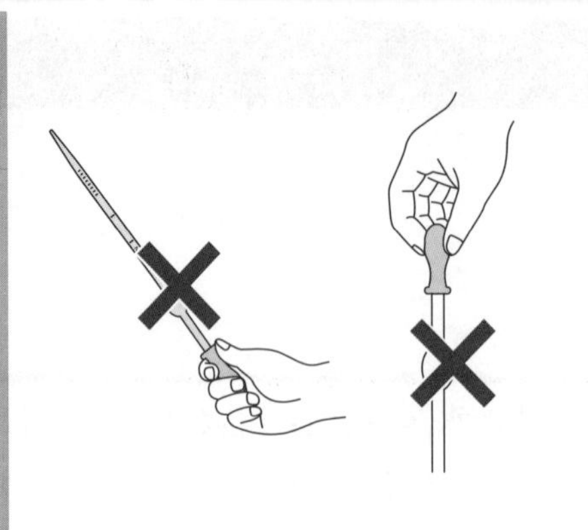

※1 注意 液がゴム球に流れこむと，ゴム球がいたんでしまう。ピペットの先を上に向けないようにし，液を吸うときは吸い過ぎないように注意する。

※2 注意 ピペットの先が容器などにぶつかって割れることがある。ゴム球をつまんで持たない。

教科書 p.211

実験のガイド

実験7 塩酸と水酸化ナトリウム水溶液を混ぜる

❶ 塩酸にBTB液を加える。

塩酸10mLに緑色のBTB液を数滴加え，水溶液を黄色にする。

⇨※1，2

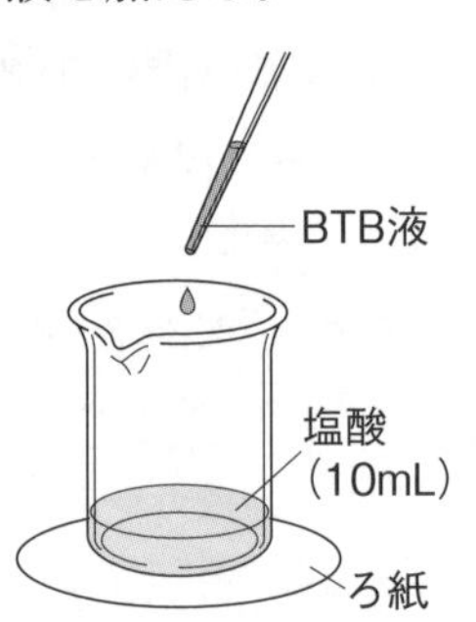

❷ 水酸化ナトリウム水溶液を加える。

❶の水溶液に，水酸化ナトリウム水溶液を2mLずつ加え，水溶液の色を観察する。水溶液が青色になるまで繰り返す。⇨※3

❸ 塩酸を加える。

❷の水溶液に，塩酸を1滴ずつ加え，水溶液の色を観察する。水溶液が緑色になるようにする。⇨※4

❹ 水溶液の水を蒸発させ，観察する。

❸の水溶液をスライドガラスに少量とって乾燥させる。水が蒸発したら，ルーペで観察する。

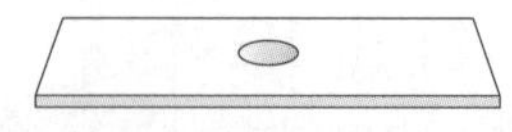

(色つき蒸発皿を使う方法) ⇨※5

※1 注意 保護眼鏡をかける。
※2 注意 塩酸や水酸化ナトリウム水溶液が，手などにつかないように注意する。ついてしまったら，すぐに多量の水で洗い流す。
※3 コツ 水酸化ナトリウム水溶液を加えるたびに，円を描(えが)くようにビーカーを軽く揺(ゆ)り動かす。
※4 コツ 塩酸を加えるたびに，円を描くようにビーカーを軽く揺り動かす。
※5 注意 やけどに注意する。

実験の結果

❷ 水溶液の色は黄色→ 緑色→ 青色になった。

❸ 水溶液の色は青色→ 緑色になった。

❹ 水が蒸発したスライドガラスや蒸発皿に，白い結晶(けっしょう)が現れた。ルーペで観察すると，塩化ナトリウムの結晶であることがわかった。

結果から考えよう

①酸性の水溶液にアルカリ性の水溶液を加えていくと，水溶液の性質はどのように変化するか。

→水溶液の酸性がしだいに弱まる。

②アルカリ性の水溶液に酸性の水溶液を加えていくと，水溶液の性質はどのように変化するか。

→水溶液のアルカリ性がしだいに弱まる。

③水溶液の水を蒸発させて得られた物質は，何だと考えられるか。

→塩酸の塩化物イオンと水酸化ナトリウム水溶液のナトリウムイオンが結びついてできた塩化ナトリウムであると考えられる。

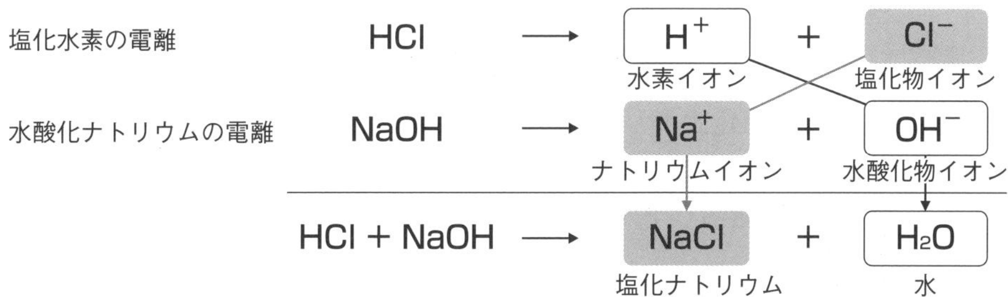

単元4 3章

振り返ろう

今まで学習した物質のうち，中和が起こる物質の組み合わせを考えよう。

振り返ろうのまとめ

・酸性の水溶液とアルカリ性の水溶液の組み合わせを考えればよい。
・酸性の水溶液には，塩酸，硫酸，炭酸，酢酸(酢)などがある。
・アルカリ性の水溶液には，水酸化ナトリウム水溶液，水酸化カルシウム水溶液，水酸化バリウム水溶液，アンモニア水などがある。

(例) 硫酸と水酸化カルシウム水溶液の中和では硫酸カルシウムが得られる。

$H_2SO_4 + Ca(OH)_2 \longrightarrow CaSO_4 + 2H_2O$

章末問題

①赤色リトマス紙を青くする水溶液にBTB液を入れると，液の色はどうなるか。
②身のまわりにある酸性の液体の例をあげなさい。
③pH 2 の液体にフェノールフタレイン液を数滴入れると，液の色はどうなるか。
④塩酸と水酸化ナトリウム水溶液との中和でできる塩は何か。

解答
①青くなる。
②(例)レモン汁，酢，炭酸飲料，オレンジジュース
③無色(変わらない。)
④塩化ナトリウム

考え方
①赤色リトマス紙を青くする水溶液は，アルカリ性の水溶液である。
②すっぱいものや果物など，または炭酸飲料などがあげられる。
③フェノールフタレイン液は，アルカリ性の水溶液で赤色に変化する指示薬である。pH 2 の酸性の水溶液に入れても色は無色である。
④$HCl + NaOH \longrightarrow NaCl + H_2O$

テスト対策問題

解答は巻末にあります。

時間30分　/100

1 5種類の水溶液A～Eは，食塩水，石灰水，うすい塩酸，うすいアンモニア水，うすい水酸化ナトリウム水溶液のいずれかである。これらの水溶液について，次の実験を行った。あとの問いに答えよ。　10点×4(40点)

実験1　A～Eをそれぞれ試験管にとって，リトマス紙で色の変化を調べたところ，Aは青色リトマス紙を赤くし，B，C，Dは赤色リトマス紙を青くした。Eはどちらのリトマス紙も変化させなかった。さらにB，C，Dのにおいを調べたところ，Bだけに鼻をさすような刺激臭があった。

実験2　A～Eをそれぞれ試験管にとってその中にマグネシウムリボンを入れたところ，Aだけで気体が発生した。

(1) 水溶液B，C，Dに共通する性質を，次のア～ウから選べ。　(　　)

ア　酸性　　イ　中性　　ウ　アルカリ性

(2) 水溶液B，C，Dに共通して含まれるイオンは何か。　(　　　　)

(3) 実験2で発生した気体は何か。化学式で書け。　(　　　　)

(4) 実験1，2から，石灰水である可能性がある水溶液はどれか。A～Eからすべて選べ。　(　　　　)

2 ビーカーにうすい塩酸をとって緑色のBTB液を数滴加え，右の図のように，水酸化ナトリウム水溶液を少しずつ加えていった。水溶液の色が緑色になったとき，スライドガラスに少量とり，水を蒸発させると白い固体が残った。次の問いに答えよ。　10点×6(60点)

水酸化ナトリウム水溶液
BTB液を加えた塩酸
ろ紙

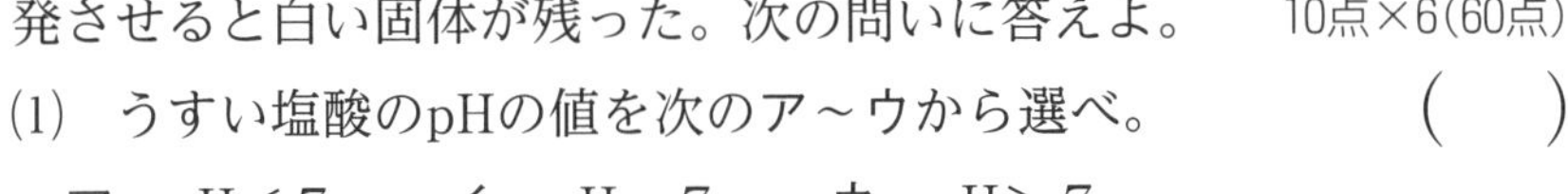

(1) うすい塩酸のpHの値を次のア～ウから選べ。　(　　)

ア　pH＜7　　イ　pH＝7　　ウ　pH＞7

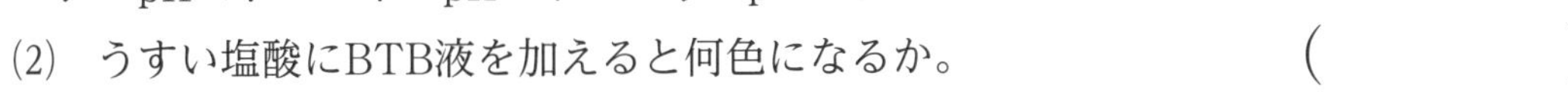

(2) うすい塩酸にBTB液を加えると何色になるか。　(　　　　)

(3) 塩酸のように，酸性を示す水溶液には共通して含まれるイオンがある。そのイオンを化学式で書け。　(　　　　)

(4) この実験のように，酸性の水溶液とアルカリ性の水溶液を混ぜ合わせると，互いの性質を打ち消し合う化学変化が起こる。この化学変化を何というか。　(　　　　)

(5) この実験で水を蒸発させると残った白い固体のように，(4)の化学変化でできるものを何というか。　(　　　　)

(6) 塩酸と水酸化ナトリウム水溶液を混ぜ合わせたときの化学反応式を書け。
(　　　　　　　　　　　　　　　　)

単元4 化学変化とイオン

探究活動 課題を見つけて探究しよう

水溶液の正体は？

テーマ 水溶液に何が溶けているかを調べる

教科書のまとめ

□電解質	▶水に溶かしたとき，水溶液に電流が流れる物質。
□非電解質	▶水に溶かしたとき，水溶液に電流が流れない物質。
□中和	▶酸性の水溶液とアルカリ性の水溶液を混ぜ合わせたときに起こる，互いの性質を打ち消し合う化学変化。塩と水ができる。

教科書 p.216

やってみよう

水溶液に何が溶けているかを確かめよう⇨✖1～5

❶ これまでに学習した水溶液の性質を表にまとめる。

❷ 水溶液に何が溶けているかを確かめる実験の方法や手順を考える。

❸ ❷で考えた手順で，水溶液に何が溶けているかを確かめる。

✖1 注意保護眼鏡をかける。
✖2 注意換気を行う。
✖3 注意絶対に水溶液を口に入れてはいけない。
✖4 注意正体がわからない物質を加熱したり，むやみに混ぜたりしてはいけない。
✖5 注意においは，手であおぐようにして嗅ぎ，大量に吸いこまないように注意する。

やってみようのまとめ

❶ これまでに学習した水溶液の性質をまとめると次のようになる。

水溶液	水溶液の色	水溶液のにおい	酸性・中性・アルカリ性	電圧を加えたときの変化	マグネシウムリボンを入れたときの変化
エタノール水溶液	無色透明	ある	中性	電流が流れなかった。	変化なし
食塩水	無色透明	なし	中性	電流が流れた。	変化なし
砂糖水	無色透明	なし	中性	電流が流れなかった。	変化なし
うすい塩酸	無色透明	なし	酸性	電流が流れた。 陽極で塩素，陰極で水素が発生する。	水素が発生する。
水酸化ナトリウム水溶液	無色透明	なし	アルカリ性	電流が流れた。	変化なし
硫酸亜鉛水溶液	無色透明	なし	＼	電流が流れた。	マグネシウムの表面に亜鉛が付着する。
硫酸マグネシウム水溶液	無色透明	なし	＼	電流が流れた。	変化なし

❷❸ 下の図の方法①では，においのあるAがわかる。方法②では，電流が流れないCがわかる。方法③では，水酸化ナトリウム水溶液がアルカリ性，食塩水が中性であることから，BとEがわかる。方法④では，Dで水素が発生する。また，マグネシウムは亜鉛よりイオンになりやすいので，Fでマグネシウムのまわりに亜鉛が付着し，マグネシウムが溶ける。

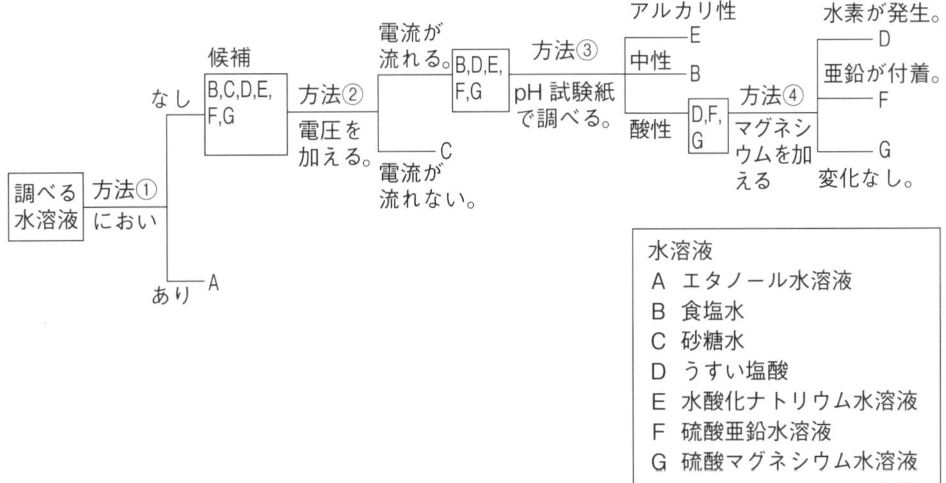

単元末問題

1 電解質と非電解質の実験

図のような装置を使い，いろいろな水溶液に電流が流れるかどうかを調べる実験を行った。次の問いに答えなさい。

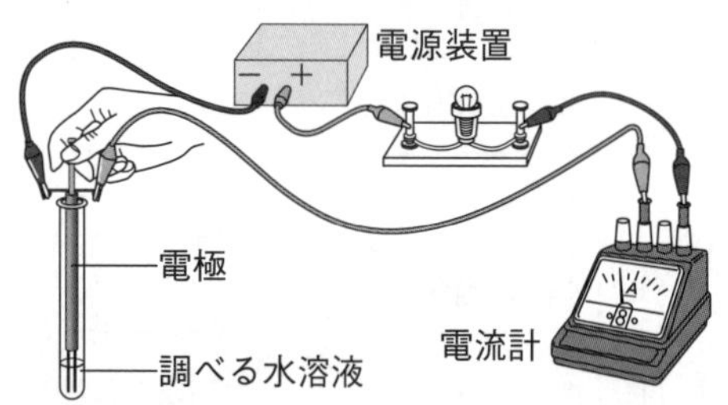

①実験では次のア～カの液体を調べた。電流が流れたのはどれか。

ア精製水　イ食塩水　ウ砂糖水
エうすい水酸化ナトリウム水溶液
オうすい塩酸　カエタノール水溶液

②水溶液に電流が流れる物質を何というか。

③水溶液に電流が流れない物質を何というか。

④実験で，調べる水溶液をかえるときに，電極を精製水で洗った。それはなぜか。

解答

①イ，エ，オ

②電解質

③非電解質

④溶質を含まない精製水で電極を洗うことで，水溶液どうしが混ざることを防ぐため。

考え方 ②電解質は水に溶けると陽イオンと陰イオンに電離する。

③非電解質は水に溶けてもイオンが生じない。

④前の水溶液が混ざってしまうと，調べる水溶液に電流が流れるかどうかを正しく調べられない。

2 塩化銅水溶液に電流が流れているときの変化

図のような方法で塩化銅水溶液に電圧を加えた。次の問いに答えなさい。

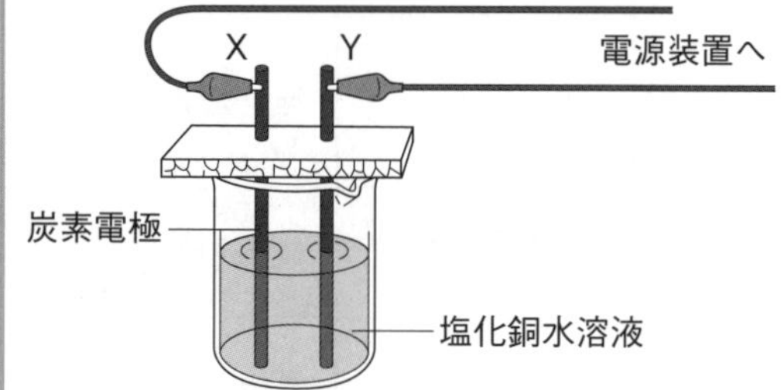

①塩化銅が水に溶けてイオンに分かれるようすを，化学式を使って表しなさい。

②電極Xの表面に赤い物質が付着した。この物質は何か。

③電極Yからは気体が発生した。電極付近の水溶液に赤色のインクをつけたろ紙をつけると，ろ紙は白くなった。発生した気体は何か。

④この実験で，電極に加える電圧を3.0V，4.5V，6.0Vと上げていったとき，電極Yの気体が発生するようすはどのように変化するか答えなさい。

⑤この実験の化学変化を化学反応式で表しなさい。

解答

①$CuCl_2 \longrightarrow Cu^{2+} + 2Cl^-$

②銅

③塩素

④電圧を上げるほど，気体の発生が激しくなる。

⑤$CuCl_2 \longrightarrow Cu + Cl_2$

考え方 ①塩化銅は，銅原子と塩素原子が1：2の数の割合で結びついている。

②，③塩化銅水溶液に電圧を加えると，化学変化が起こり，陰極に銅が付着し，陽極から塩素が発生する。

④電圧が大きいほど，化学変化が起こりやすい。

3 原子の構造とイオンのでき方

次のア～オの中で，正しいものはどれか。

ア原子は原子核と電子からできている。

イ原子核の中には，＋の電気をもつ陽子と－の電気をもつ中性子がある。

ウ陽子と電子の質量はほぼ等しい。

エ陽子の数と電子の数が等しいので，原子は電気を帯びない。

オ原子が電子を放出すれば陰イオンに，電子を受けとれば陽イオンになる。

解答 ア，エ

考え方 中性子は電気をもっていない。電子の質量は，陽子や中性子に比べてとても小さい。原子が電子を放出すると陽イオンに，電子を受けとると陰イオンになる。

4 イオンの表し方

次の問いに答えなさい。

①A～Dの化合物を化学式で表しなさい。

A：塩化ナトリウム

B：炭酸カルシウム

C：塩化アンモニウム

D：炭酸水素ナトリウム

②次の物質A，Bが電離するようすをそれぞれ化学式を使って表しなさい。また（　）の中に入るイオンの名前を答えなさい。

A：　HCl ⟶ 　　＋
（塩化水素）（　　イオン）（　　イオン）

B：$CuSO_4$ ⟶ 　　＋
（硫酸銅）（　　イオン）（　　イオン）

解答 ①A：NaCl　B：$CaCO_3$
C：NH_4Cl　D：$NaHCO_3$

②A：$HCl \longrightarrow H^+ + Cl^-$
（塩化水素）（水素イオン）（塩化物イオン）

B：$CuSO_4 \longrightarrow Cu^{2+} + SO_4^{2-}$
（硫酸銅）（銅イオン）（硫酸イオン）

考え方 ①陽イオンになる原子や原子のまとまりを先に書く。

Aはナトリウムイオンと塩化物イオンが1：1の数の割合で結びついている物質。

Bはカルシウムイオンと炭酸イオンが1：1の数の割合で結びついている物質。

Cはアンモニウムイオンと塩化物イオンが1：1の数の割合で結びついている物質。

②⟶の右側の＋の電気の数と－の電気の数は等しい。

Aの塩化物イオンは，塩素原子が電子を1個受けとってできる陰イオンである。

Bの銅イオンは，銅原子が電子を2個放出してできる陽イオンである。

単元4

5 金属のイオンへのなりやすさ

金属板を水溶液に入れて，金属のイオンへのなりやすさの差を調べる実験を行った。下の表はその結果である。次の問いに答えなさい。

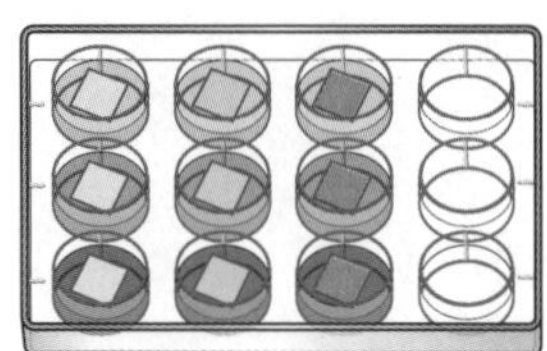

	マグネシウム板	亜鉛板	銅板
硫酸マグネシウム水溶液	ア	イ	ウ
硫酸亜鉛水溶液	エ	オ	カ
硫酸銅水溶液	キ	ク	ケ

①表のクでは，どのような変化が見られたか。次のa～cから選び，記号で答えなさい。

a 変化は見られない。

b 亜鉛板の表面に亜鉛が付着する。

c 亜鉛板の表面に銅が付着する。

②①のようになるのはなぜか。理由を説明しなさい。

③銅，マグネシウム，亜鉛をイオンになりやすい順に並べなさい。

④マグネシウムが電子を放出してイオンになる化学変化を，化学反応式で表しなさい。ただし，電子はe^-を使って表すものとする。

解答 ①c

②銅よりも亜鉛の方がイオンになりやすいため，亜鉛原子が電子を放出して亜鉛イオンになり，硫酸銅水溶液に含まれる銅イオンが電子を受けとって銅原子になるため。

③マグネシウム，亜鉛，銅

④$Mg \longrightarrow Mg^{2+} + 2e^-$

考え方 ①エでは，マグネシウム板に亜鉛が付着し，キ，クでは，それぞれの金属板に銅が付着する。その他では変化が見られない。

③イ，エからマグネシウムが亜鉛よりもイオンになりやすいこと，ウ，キからマグネシウムが銅よりイオンになりやすいこと，カ，クから亜鉛が銅よりイオンになりやすいことがわかる。

6 電池とイオン

図のような装置を使い，硫酸銅水溶液に銅板，硫酸亜鉛水溶液に亜鉛板を入れたところ，電子オルゴールの音が鳴った。

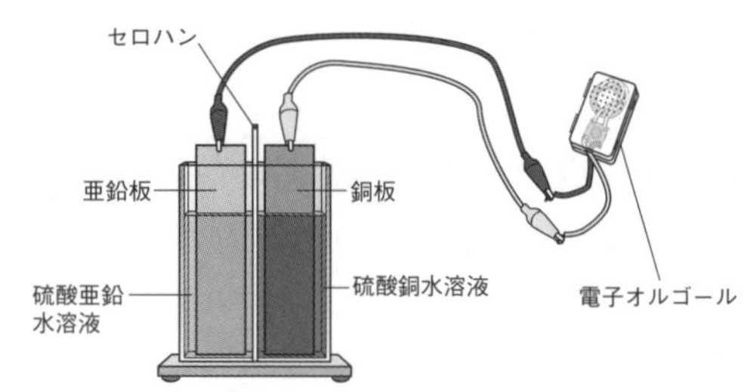

①電子オルゴールの音が鳴っているとき，亜鉛板と銅板で起こる化学変化をそれぞれ化学反応式で表しなさい。ただし，電子はe^-を使って表すものとする。

②実験後，亜鉛板と銅板の表面はそれぞれどのような状態になっているか。

③この実験で＋極は亜鉛板と銅板のどちらか。

④この実験のように，化学エネルギーを電気エネルギーに変換する装置を何というか。

①亜鉛板：$Zn \longrightarrow Zn^{2+} + 2e^-$

銅板：$Cu^{2+} + 2e^- \longrightarrow Cu$

②亜鉛板：溶け出して表面に凹凸ができる。

銅板：銅が付着する。

③銅板

④電池（化学電池）

考え方 ①，②亜鉛板では，亜鉛原子が電子を放出して亜鉛イオンに，銅板では，硫酸銅水溶液の中の銅イオンが電子を受けとって銅原子になっている。

③亜鉛原子が放出した電子は，導線を通って銅板に移動する。電流の向きは，電子の流れとは逆である。電流は＋極から－極へ流れる。

④化学変化を利用して，化学エネルギーを電気エネルギーに変換する装置を電池（化学電池）といい，図のような電池をダニエル電池という。

7 酸性とアルカリ性を調べる実験

次のア～キの中で，誤っているものはどれか。

ア酸性の水溶液にマグネシウムリボンを入れると，水素を発生して溶ける。

イ酸性の水溶液は赤色リトマス紙を青色にする。

ウアルカリ性の水溶液に緑色のBTB液を入れると，青色になる。

エアルカリ性の水溶液は電流を流す。

オ中性の水溶液は電流を流さない。

カ非電解質の水溶液は中性である。

キ中性の水溶液のpHは0である。

解答 イ，オ，キ

イ：酸性の水溶液は青色リトマス紙を赤色に変える。

オ：水溶液中にイオンが存在すれば，酸性，アルカリ性，中性に関係なく電流が流れる。

キ：pHは７で中性，値が小さいほど酸性が強く，値が大きいほどアルカリ性が強い。

8 酸性・アルカリ性の正体

スライドガラスの上にろ紙を置き，その上に青色リトマス紙をのせ，硝酸カリウム水溶液をしみこませ，両端をクリップでとめた。このリトマス紙の中央に塩酸をつけ，電圧を加えた。次の問いに答えなさい。

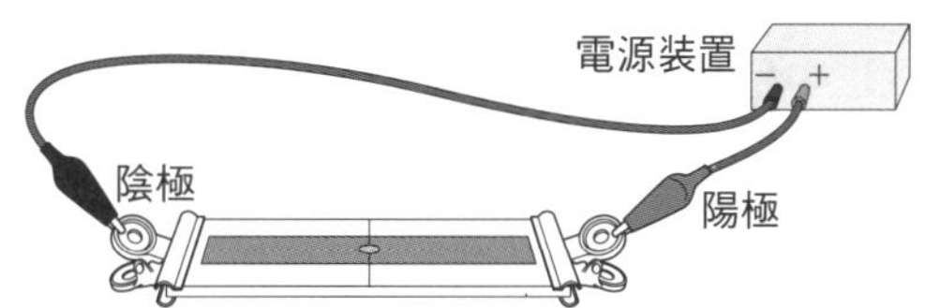

①この実験で電圧を加えた後，青色リトマス紙につけた赤い点は，陽極・陰極のどちらに移動したか。

②①の結果から，酸性を示すイオンは何だと考えられるか。

③塩酸のかわりに水酸化ナトリウム水溶液を使い，赤色リトマス紙を使って，同様の実験を行った。リトマス紙につけた青い点は，陽極・陰極のどちらに移動したか。

①陰極

②水素イオン

③陽極

①青色リトマス紙の赤色に変わった点は，陰極側に移動する。
②塩酸の溶質である塩化水素は，次のように電離している。$HCl \longrightarrow H^{+} + Cl^{-}$
電圧を加えると，陽イオンは陰極側に，陰イオンは陽極側に移動する。青色リトマス紙の赤色に変わった部分が陰極側へ移動したことから，酸性を示すのは陽イオンの水素イオンとわかる。
③水酸化ナトリウムは，次のように電離している。$NaOH \longrightarrow Na^{+} + OH^{-}$
電圧を加えると，水酸化物イオンは陽極側に移動するので，赤色リトマス紙の青色に変わった点は陽極側へ移動する。

9 中和と塩

塩酸と水酸化ナトリウム水溶液を混ぜて，液の性質を調べる実験を行った。

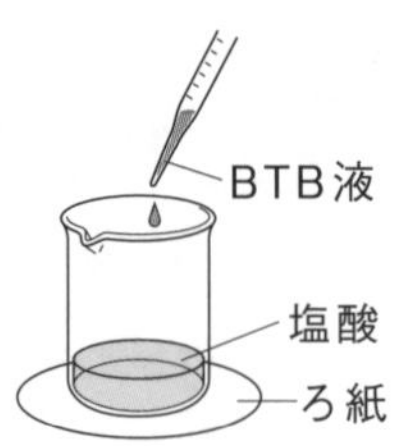

A：塩酸5mLに緑色のBTB液を数滴加えた。
B：Aに水酸化ナトリウム水溶液を少しずつ加えたところ，10mL加えたときに液の色が緑色になった。
C：Bに4mLの水酸化ナトリウム水溶液を加えた。
①Aを行ったとき，液の色は何色になるか答えなさい。
②水酸化ナトリウムの電離を化学式を使って表しなさい。
③Bのときに起こる化学変化を化学反応式で表しなさい。
④Bの液を少量とって水を蒸発させると，固体となって残る物質の名前を答えなさい。
⑤Cを行ったとき，液の色は何色になるか答えなさい。

①黄色
②$NaOH \longrightarrow Na^{+} + OH^{-}$
③$HCl + NaOH \longrightarrow NaCl + H_2O$
④塩化ナトリウム
⑤青色

①BTB液は酸性で黄色，中性で緑色，アルカリ性で青色を示す指示薬である。
②ナトリウムイオンは，ナトリウム原子が電子を1個放出してできる陽イオンである。水溶液全体は電気的に中性なので，$\longrightarrow$の右側のイオンの＋の電気の数と－の電気の数は等しい。
③，④酸とアルカリから塩と水ができる中和が起こっている。BTB液が緑色になったので，中性になったことがわかる。中性になった水溶液の水を蒸発させると，中和によってできた塩が結晶となって残る。
⑤中性になった水溶液には，水素イオンも水酸化物イオンもないので，水酸化ナトリウム水溶液を加えても中和は起こらず，加えた水酸化ナトリウム水溶液の水酸化物イオンによって，アルカリ性になる。

読解力問題

❶ 電池とイオン

解答
①A：亜鉛　B：銅　C：銅
②ア：Mg　イ：Mg　ウ：Zn
③イ
④銅
⑤亜鉛板：$Zn \longrightarrow Zn^{2+} + 2e^-$
　銅板：$Cu^{2+} + 2e^- \longrightarrow Cu$
⑥ア：a　イ：c　ウ：d　エ：f　オ：e　カ：h　キ：g

考え方 ①A：亜鉛よりマグネシウムの方がイオンになりやすいので，硫酸亜鉛水溶液にマグネシウム板を入れるとマグネシウム板の表面に亜鉛が付着する。
B：銅よりもマグネシウムの方がイオンになりやすいので，硫酸銅水溶液にマグネシウム板を入れるとマグネシウム板の表面に銅が付着する。
C：銅よりも亜鉛の方がイオンになりやすいので，硫酸銅水溶液に亜鉛板を入れると亜鉛板の表面に銅が付着する。
②硫酸亜鉛は水の中で，亜鉛イオンZn^{2+}と硫酸イオン$SO_4{}^{2-}$に電離している。マグネシウム原子Mgが電子を放出してマグネシウムイオンMg^{2+}になり，放出された電子を亜鉛イオンZn^{2+}が受けとって，亜鉛原子Znになる。
③イオンへのなりやすさの順は，Mg＞Zn＞Cu
④,⑤図３の装置では，亜鉛は電子を放出して亜鉛イオンになる。$Zn \longrightarrow Zn^{2+} + 2e^-$
亜鉛板から出た電子は導線を通って銅板へ移動する。硫酸銅水溶液の中の銅イオンが移動してきた電子を受けとり，銅原子になって銅板に付着する。$Cu^{2+} + 2e^- \longrightarrow Cu$
⑥マグネシウムは電子を放出してマグネシウムイオンになる。放出された電子は，マグネシウム板から銅板へ移動する。硫酸銅水溶液の中の銅イオンが移動してきた電子を受けとり，銅原子となって銅板へ付着する。＋極では電子を受けとる化学変化が起こり，−極では電子を放出する化学変化が起こる。

教科書 230～233ページ

単元5 地球と宇宙

1章 天体の動き

① 太陽の1日の動き

テーマ　南中　南中高度　太陽の日周運動　地軸　自転　天球

教科書のまとめ

□太陽の南中(なんちゅう)	▶太陽が南の空で最も高くなること。
□南中高度(なんちゅうこうど)	▶南中したときの高度。地平線から南中した太陽までの角度で表す。
□太陽の日周運動(にっしゅううんどう)	▶太陽が朝，東からのぼり，昼頃(ごろ)南の空で最も高くなり，夕方西の空に沈む動き。太陽の動く速さは一定である。 → 観察1
□地軸(ちじく)	▶北極と南極を結ぶ線。
□地球の自転(じてん)	▶地球が地軸を軸(じく)として，西から東へ約1日に1回転すること。
□天球(てんきゅう)	▶太陽や星の位置や動きを表すための地球を覆う大きな仮想の球体。
□天頂(てんちょう)	▶観測者の真上の天球上の点。

教科書 p.231

観察のガイド

観察1 太陽の1日の動き

❶ 透明半球を固定する。

白い紙に透明半球と同じ大きさの円をかき，中心を通り直交する２本の線を引く。透明半球をセロハンテープで白い紙に固定し，２本の線を東西南北に合わせる。⇨✖1

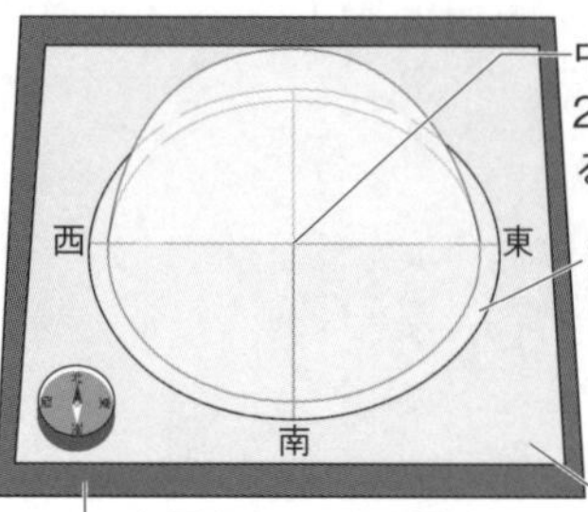

❷ 太陽の位置を記録する。

透明半球上の，油性ペンの先端の影(かげ)が円の中心と一致(いっち)する位置に，●印とその時刻を記入する。１時間おきに記録する。

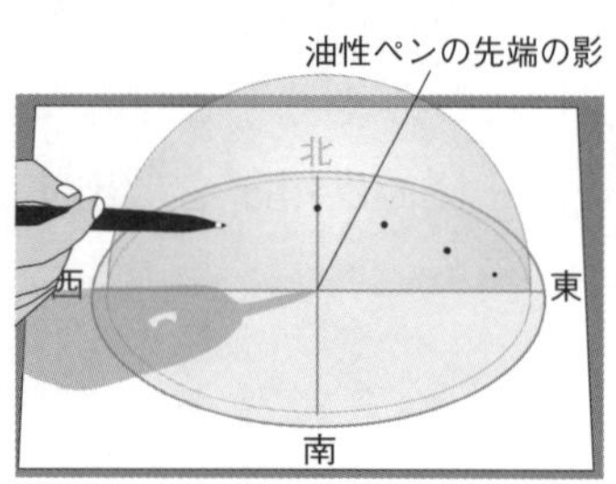

油性ペンの先端の影が円の中心と一致する位置に●印をつける。

✕1 コツ 観察開始から終了(しゅうりょう)まで，透明半球に太陽光が当たる場所を選ぶ。

観察の結果

（例）

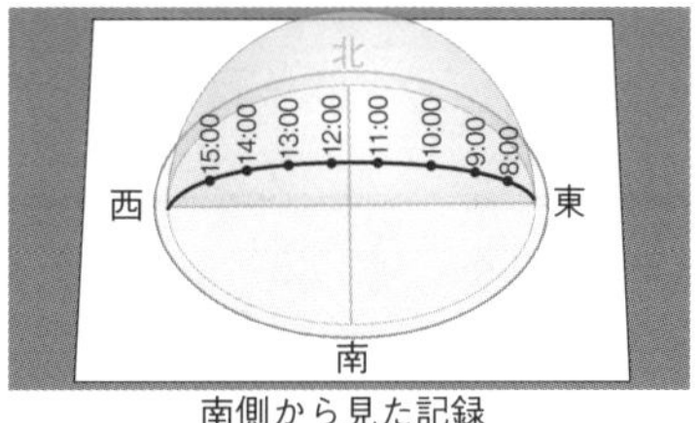

南側から見た記録

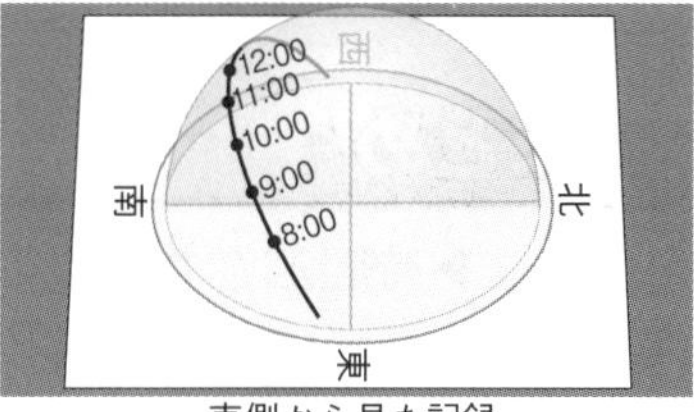

東側から見た記録

結果から考えよう

①太陽の位置を結んだ線が白い紙と交わる点は何の位置を表していると考えられるか。

→東で交わる点は日の出の位置，西で交わる点は日の入りの位置と考えられる。

②１時間ごとの印の間隔から，どのようなことが考えられるか。

→印の間隔がほぼ同じなので，太陽の動く速さは一定であると考えられる。

③太陽の見える方位と高さは１日でどのように変化していると考えられるか。

→太陽は東から南の空を通って西に動き，真南で高度が最も高いと考えられる。

やってみよう

方位を記入してみよう

❶ 太陽の方向に注意し，教科書の図に，日の出，日の入り，真夜中を記入する。

❷ それぞれの位置での方位を記入して，各時刻で方位がどのようになっているか確認(かくにん)する。

やってみようのまとめ

・北極側から見ると，地球は反時計回りに自転している。

・太陽がのぼり始めるのが，日の出，太陽が沈むのが日の入りの頃となる。

・北極の方向が常に北であり，北を基準にして，西，南，東を考える。

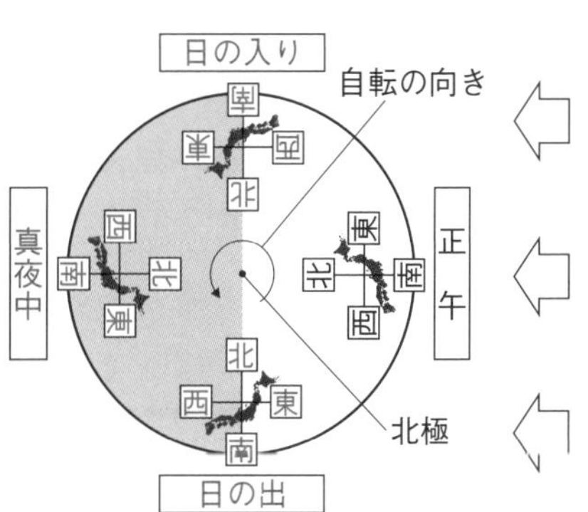

 星の１日の動き

テーマ　東西南北の星の動き　　星の日周運動

教科書のまとめ

□東西南北の星の動き	▶時間とともに星の位置が変わる。　→ やってみよう ①　東の空の星…右斜め上の方向に動く。 ②　南の空の星…東(左側)から西(右側)へ動く。 ③　西の空の星…右斜め下の方向に動く。 ④　北の空の星…北極星をほぼ中心に反時計回りに動く。
□星の日周運動	▶私たちのいる地点と北極星近くを結ぶ線を軸として，天球に貼りついた星が，東から西へ約１日で１回転しているように見える動き。 ①　南の空の星の動き…太陽の動きと似ている。南の空に見えていた星は，西の空へ沈む。 ②　北の空の星の動き…北極星をほぼ中心として，反時計回りに回っている。 参考 地球は１日に１回転，つまり24時間で360°回転するので，星も１時間当たり，360°÷24＝15°回転する。
□地球の自転と星の日周運動	▶観察する自分が立つ地球が自転しているために，星が見かけ上動くように見える。 参考 地球が⟶の方向に回転すると，天球上の星は，⟵の方向に回転して見える。
□地球各地での星の動き	▶地球は球形をしているので，場所によって見える星や星の日周運動の見え方にちがいがある。 例オリオン座は，北半球では南の空に見えるが，赤道付近では真東からのぼって天頂を通り，真西に沈む。南半球では東からのぼって北の空を通り，西に沈む。

やってみよう

夜空に見える星の動きを調べてみよう⇨※1

❶ 見晴らしのよい場所で，方位磁針を使って東西南北を確認する。

❷ 東，南，西の空でそれぞれ星を１つ定め，地上の景色とともにスケッチする。

❸ 天頂付近の星の位置を，電線や木の枝などとともに記録する。

❹ 北の空に北極星と，カシオペヤ座または北斗七星(ほくとしちせい)を見つけ，❷，❸と同様にその位置を記録する。

❺ 約２時間後に，定めた星の位置を再度スケッチして，動いた方向に矢印をかく。

※1 注意 夜間の観察は必ず保護者と一緒(いっしょ)に行う。

やってみようのまとめ

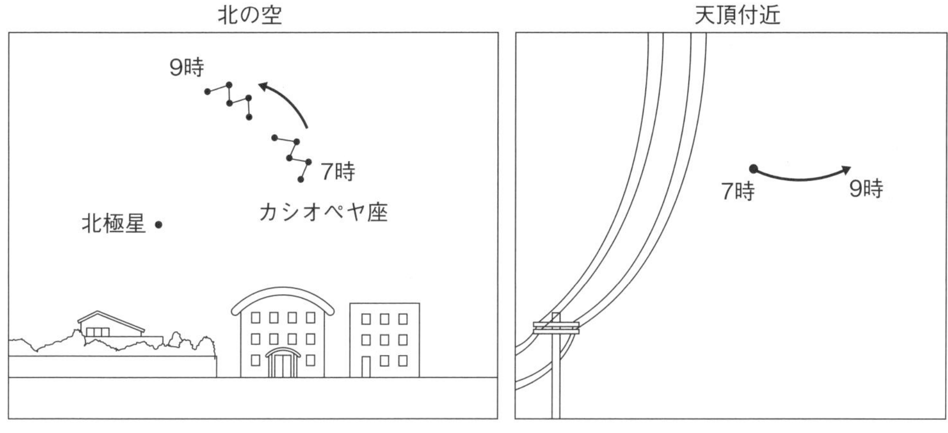

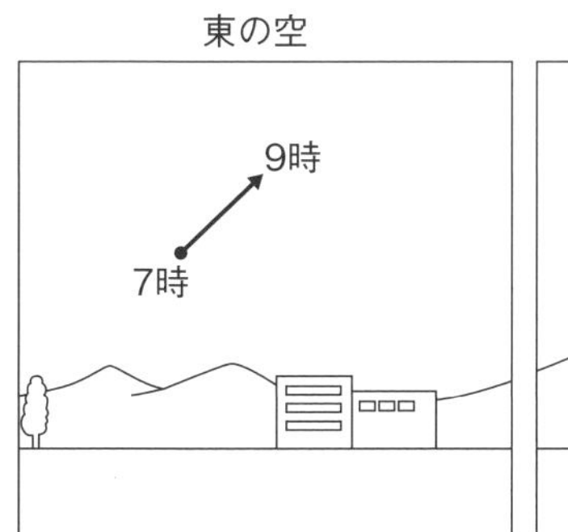

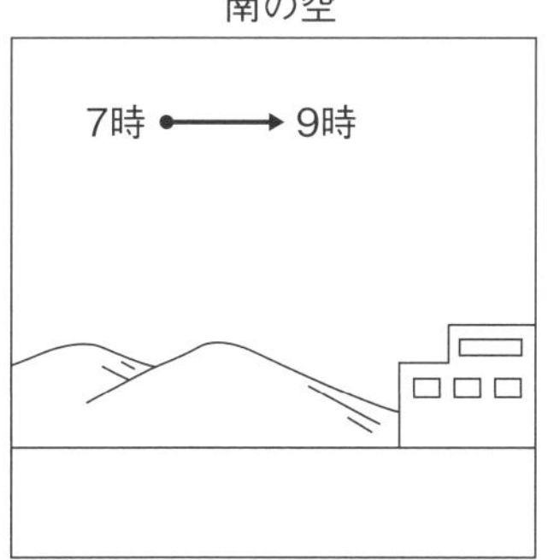

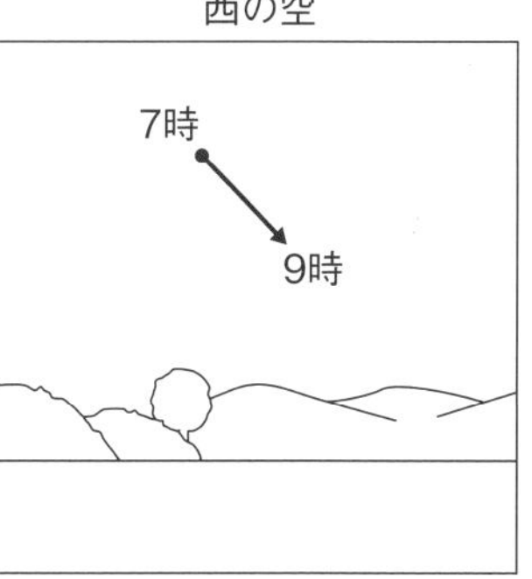

・東の空の星は，南の空の高いところに向かって移動し，南の空の星は西へ移動し，西の空の星は沈んでいく。
→南の空に見える星は，東からのぼり西に沈む太陽と似た動きをする。
・天頂付近の星は，東から西へ移動する。
・北の空の星は，北極星をほぼ中心にして，反時計回りに回っている。

教科書 p.234

基本操作

双眼鏡(そうがんきょう)の使い方

6倍から10倍の双眼鏡を使う。
双眼鏡を構えたときに，腕やひじを壁などにつけ，できるだけ視野を固定する。
⇨✖1，2

✖1　注意絶対に太陽を見てはいけない。

✖2　注意月は明るいため，目をいためないように気をつける。

教科書 p.237

実習のガイド

実際の動きと見かけの動きの体験

教室の中に回転いすを置き，座(すわ)って回転させる。教室が回転して見えるが，実際に回転しているのは自分である。このことから，天球の回転を説明できる。

実習の結果

回転いすに座っている人を地球と考える。地球が回転すると，太陽や星が動いて見える。
→太陽や星の日周運動は，地球の自転による見かけの動きである。

やってみよう

天体シミュレーションソフトを活用して，天体の動きを確認してみよう

天体シミュレーションソフトを活用すると，実際に観測することが難しいものを調べることができる。自分のすんでいる地域の過去や未来の星の動きや，世界のさまざまな場所での天体の動きを確かめる。

やってみようのまとめ

天体シミュレーションソフトとは，天球上にある天体をコンピュータに映し出すソフトウェアである。最近では，パソコン，タブレットやスマートフォンなどに対応したソフトウェア(アプリ)が存在する。
使用者が指定した観察場所，年月日および時刻の値をもとに，その都度天体の位置を計算して表示している。そのため，自分のいる場所だけでなく，赤道上や南半球の都市で見える星空を画面上に映し出すことができる。また，現在だけでなく，過去や未来の星の動きを確かめることもできる。
星座の星々を結ぶ線のオン・オフを切りかえると，実際の星空と対応させることができる。また，東西南北のいずれかの方向の地平線を表示させ，時刻を進めていくことで，日周運動のようすがわかるなど，星の動きを見ることができる。

Science Press

地球各地での星の動きの見え方

観察地点によって，オリオン座の日周運動の見え方は変わる。
北半球では南の空に見えるが，赤道付近では真東からのぼって天頂を通過し，真西に沈む。南半球では，北半球で見える形とは逆さまになって，北の空を通過していく。

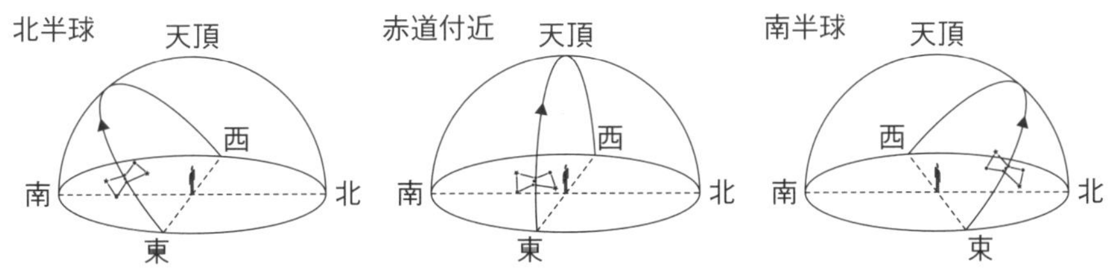

③ 天体の1年の動き

テーマ　地球の公転　星の年周運動　黄道　季節による星座の移り変わり

教科書のまとめ

□公転（こうてん）	▶天体が他の天体のまわりを回ること。地球は太陽のまわりを，1年で1回転しており，これを地球の公転という。地球は1年で1回（360°）公転するので，1か月では約30°公転する。 **知識** 公転の向きと星座の見える位置が動く向きは，逆になる。
□星の年周運動（ねんしゅううんどう）	▶地球の公転による，星の1年間の見かけの動き。同じ時刻に決まった方角に見える星座が，ほぼ一定の速さで移り変わっていく。地球は太陽のまわりを1年で1回公転するので，同じ時刻に見える星座の位置も1年でもとに戻る。 **知識** 星は日周運動によって1時間に15°東から西に動くので，1か月後に同じ星が同じ位置に見える時刻は，約2時間早くなる。
□黄道（こうどう）	▶天球上での太陽の通り道。地球が太陽のまわりを公転することによって，太陽が天球上の星座の間を動いていくように見える。 → 実習1
□黄道12星座	▶黄道に沿って12の星座があり，これらを黄道12星座という。 **注意** ペガスス座やオリオン座は，季節を代表する星座であるが，黄道上にはないので，黄道12星座に含まれない。
□季節による星座の移り変わり	▶地球の公転によって，同じ時刻に決まった方角の空に見える星座は，季節によって変わる。　→ 実習1 ① 地球から見て太陽と反対の方角にある星座…季節を代表する星座になる。 ② 地球から見て太陽の方角にある星座…太陽と同時に東からのぼり西に沈むので，見ることができない。

実習のガイド

実習1 四季の星座と地球の公転

❶ 星座パネルをつくる。
星座の絵を画用紙にかいてパネルをつくり，図のように四方に並べ，その中心に太陽の模型を置く。

❷ 地球儀を移動させる。
星座パネルと太陽の間に，地球儀を持った人が立ち，太陽を中心にして地球を公転させる。

❸ 見える星座を調べる。
A〜Dの位置に地球があるとき，真夜中に南の方角に見える星座と，正午に太陽の方角にある星座を調べる。

実習の結果

	A	B	C	D
真夜中の南の方角に見える星座	さそり座	ペガスス座	オリオン座	しし座
正午に太陽の方角にある星座	オリオン座	しし座	さそり座	ペガスス座

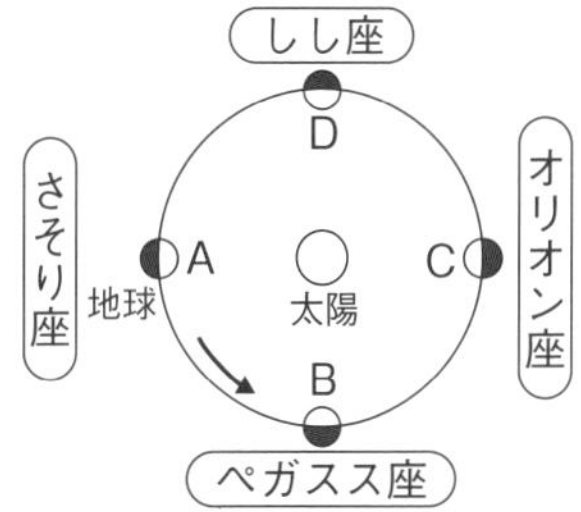

結果から考えよう

①地球の公転により，真夜中に南の方角に見える星座はどのように変わると考えられるか。

→地球がA→B→C→Dと公転すると，さそり座→ペガスス座→オリオン座→しし座と変わると考えられる。このとき，これらの星座は一晩中見ることができ，季節を代表する星座になる。

②地球の公転により，正午に太陽の方角にある星座はどのように変わると考えられるか。

→地球がA→B→C→Dと公転すると，正午に太陽の方角にある星座は，オリオン座→しし座→さそり座→ペガスス座と変わっていくと考えられる。このとき，これらの星座は太陽と同時に東からのぼり西に沈むので，見ることができない。

教科書 p.243

章末問題

①太陽が南の空で最も高くなったときの高度を何というか。
②北の空や南の空に見える星は，それぞれどのように動いて見えるか。
③春の夜に見られるしし座の中を，太陽が通過していくように見えるのはどの季節か。

解答 ①南中高度
②北の空では，北極星をほぼ中心として，反時計回りに回っているように見える。南の空では，東の地平線から南の方角に向かってのぼり，真南で最も高くなり，西の地平線に向かって沈んでいくように動いて見える。
③秋

考え方 ①太陽が南の空で最も高くなることを南中といい，このときの高度を南中高度という。
②星は，地軸を軸として東から西へ約１日に１回転している。そのため南の空の星の動きは太陽の動きと似ており，東からのぼり，南の空を通って西の空に沈む。北の空の星は，北極星をほぼ中心として反時計回りに回るように見える。
③春の夜にしし座が見られたことから，しし座，地球，太陽がこの順に並んでいることがわかる。しし座の中を太陽が通過するとき，しし座，太陽，地球がこの順で並ぶので，秋だとわかる。

テスト対策問題

解答は巻末にあります。

時間30分 /100

1 下の図は，日本のある地点で，東西南北の空に向けてカメラを固定し，一定時間シャッターを開けて撮影した写真の模式図である。あとの問いに答えよ。 5点×11(55点)

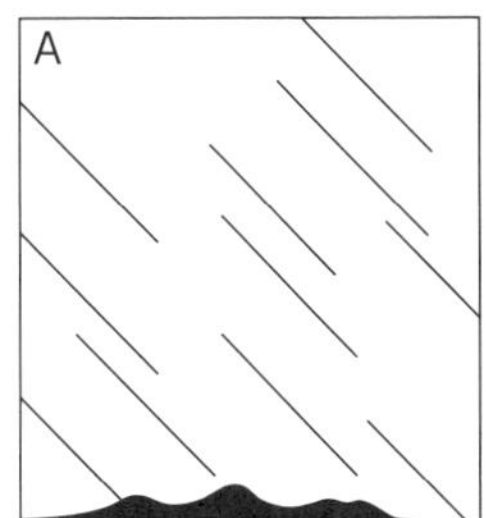

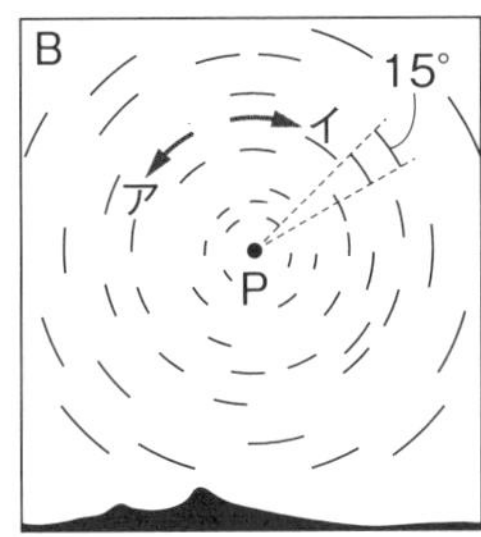

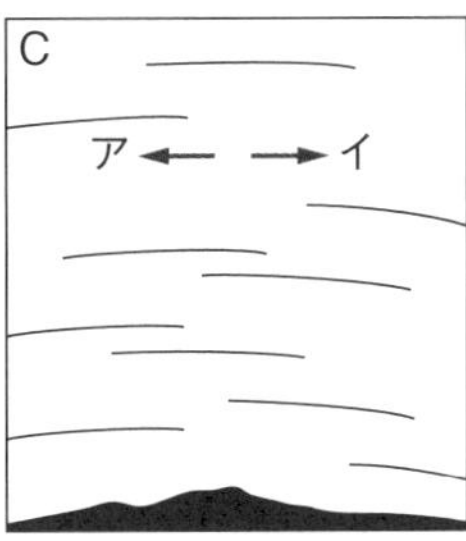

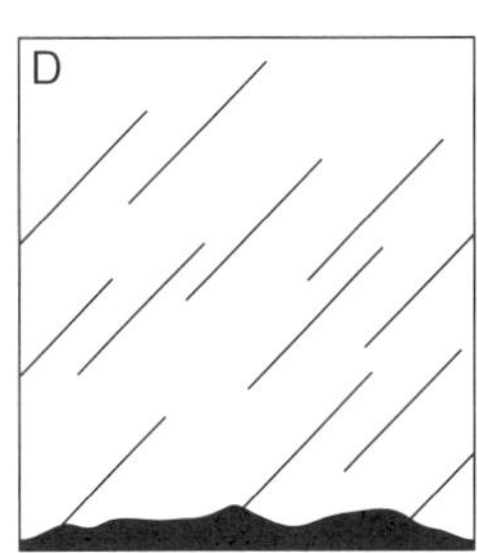

(1) A～Dは，それぞれ東西南北のどの方位の空のようすか。

A(　　) B(　　) C(　　) D(　　)

(2) B，Cの空の星が動いた向きは，それぞれア，イのどちらか。

B(　　) C(　　)

(3) Bの空で，星が15°回転したとき，シャッターを開けていた時間は何時間か。

(　　　　)

(4) Bの空で，ほとんど動かなかったPは何という星か。 (　　　　)

(5) 次の文の(　)にあてはまる語句を書け。

①(　　　　) ②(　　　　) ③(　　　　)

A～Dのような星の動きを星の(①)といい，地球が(②)を軸として，西から東へ1日に1回，(③)していることによって起こる見かけの運動である。

2 右の図は，太陽と地球と天球上の太陽の通り道付近にある主な星座の位置関係を模式的に表したものである。次の問いに答えよ。 9点×5(45点)

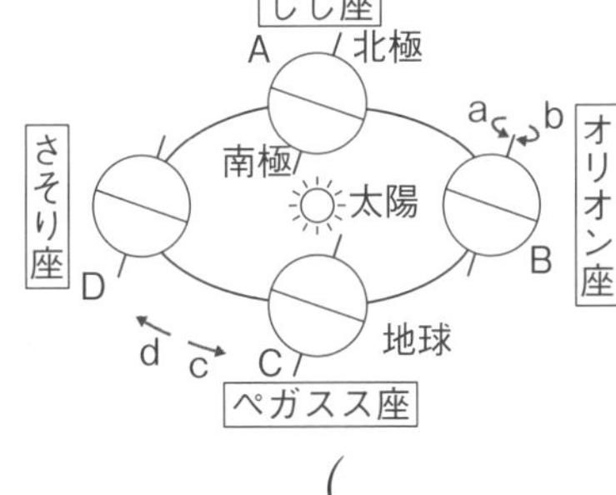

(1) 地球の自転の向き，公転の向きを，a～dからそれぞれ選べ。

自転の向き(　　) 公転の向き(　　)

(2) 天球上の太陽の通り道を何というか。 (　　　　)

(3) 地球がAの位置にあるとき，日の入りの頃に東の地平線近くに見えるのはどの星座か。 (　　　　)

(4) 日の入りの頃にさそり座が南の空に見えるのは，地球がA～Dのどの位置にあるときか。 (　　)

単元5 1章

単元5 地球と宇宙

2章 月と惑星の運動

① 地球の運動と季節の変化

テーマ
季節による太陽の動きのちがい　太陽光の高度と季節の変化

教科書のまとめ

□季節による太陽の動きのちがい	▶1年を通して，太陽の日周運動の道すじが変化する。 ①　太陽の南中高度…夏至（げし）の日に最も高くなり，冬至（とうじ）の日に最も低くなる。 ②　日の出・日の入りの方角…夏至の頃は真東・真西から北寄りになり，冬至の頃は真東・真西から南寄りになる。春分・秋分の日は真東・真西になる。
□四季の気温の変化	▶同じ面積に受ける太陽の光の量が多いほど気温が高くなるので，四季の気温の変化は，太陽の南中高度の変化によって起こっている。 → 実験1 参考 南中高度が高い方が，同じ受光面に当たる光の量が多い。
□地軸の傾き	▶地球の地軸は，公転面に立てた垂線に対して23.4°傾いている。
□季節の変化が起こる理由	▶地球は地軸が傾いたまま太陽のまわりを公転しているため，1年を通して太陽の南中高度や昼の長さが変化して，四季の変化が起こる。
□季節による昼の長さ	▶1年を通して変化する。 ①　夏至の日…日の出の時刻が最も早く，日の入りの時刻が最も遅くなるので，昼の長さが最も長い。 ②　冬至の日…日の出の時刻が最も遅く，日の入りの時刻が最も早くなるので，昼の長さが最も短い。 ③　春分・秋分の日…昼の長さと夜の長さがほぼ同じ。

教科書 p.245

実験のガイド

実験1 太陽光の角度と温度の変化

❶ 水平な場所に黒い板を置き，温度の変化を記録する。

黒い板を水平な場所に置く。赤外線放射温度計を用いて，10秒間隔で100秒間黒い板の温度を測定し，記録する。

電球を使う方法

太陽が出ていない場合は，太陽のかわりに白熱電球を使ってもよい。

❷ 太陽光が垂直に当たるように黒い板を置き，温度の変化を記録する。

図のように，黒い板に太陽光が垂直に当たるように調節する。いったん太陽光を遮(さえぎ)って温度が下がった後，❶と同じように10秒間隔で100秒間黒い板の温度を測定し，記録する。

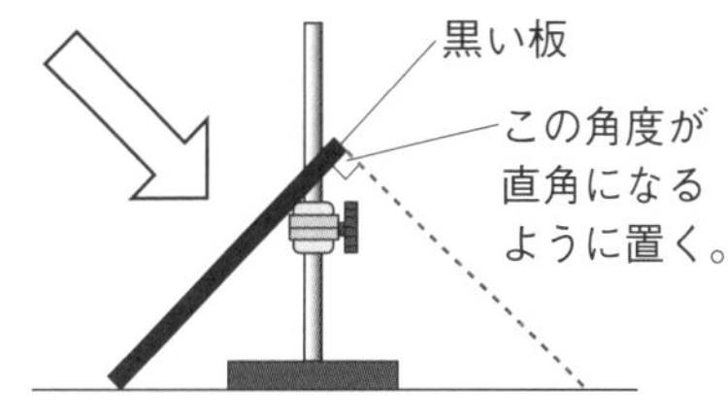

実験の結果

・横軸に時間，縦軸に黒い板の温度をとると，右の図のようになった。

・太陽光を垂直に当たるようにしたときの方が，温度が上昇しやすかった。

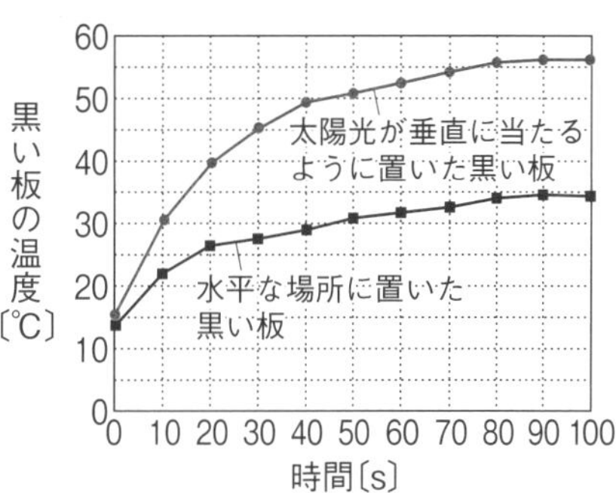

結果から考えよう

・太陽光が当たる面の角度によって，温度変化にはどのようなちがいがあると考えられるか。

→同じ面積で比べたとき，太陽光を受ける面を太陽光に対して垂直に向けた方が，温度が上昇しやすいと考えられる。

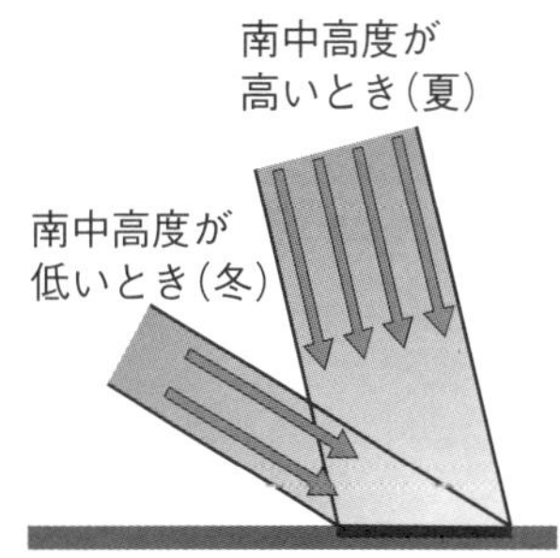

教科書 p.246

実習のガイド

太陽の高度と太陽光の傾き

❶ 観察する場所を決め，影の長さを観察するものを決める。

❷ 南中高度が高い夏と，南中高度が低い冬で，影の長さがどのようにちがうかを観察する。

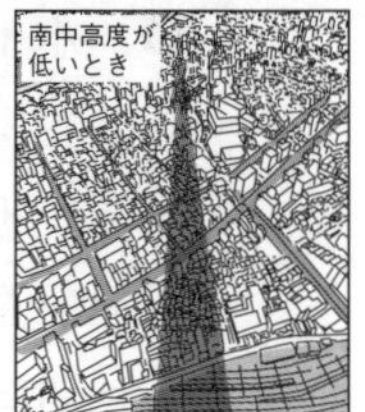

実習の結果

・影の長さは，南中高度が高いときは短く，南中高度が低いときは長くなった。

・地軸が地球の公転面に対して傾いているため，夏は北極側が太陽の方向に傾いて北半球での南中高度は高くなり，冬は北極側が太陽と反対方向に傾いて北半球での南中高度は低くなる。

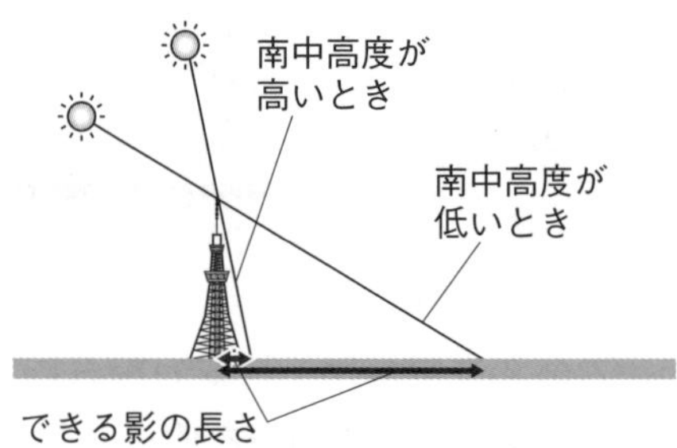

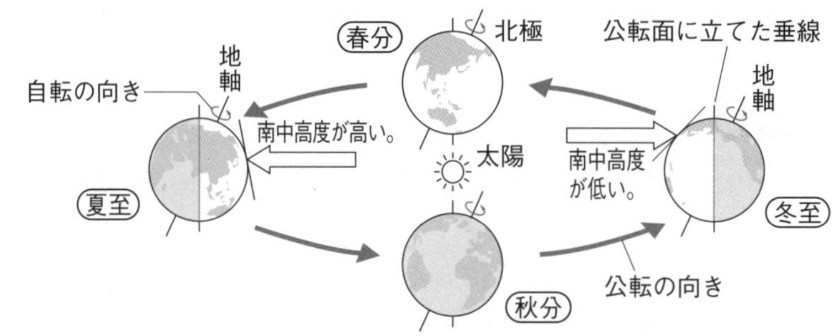

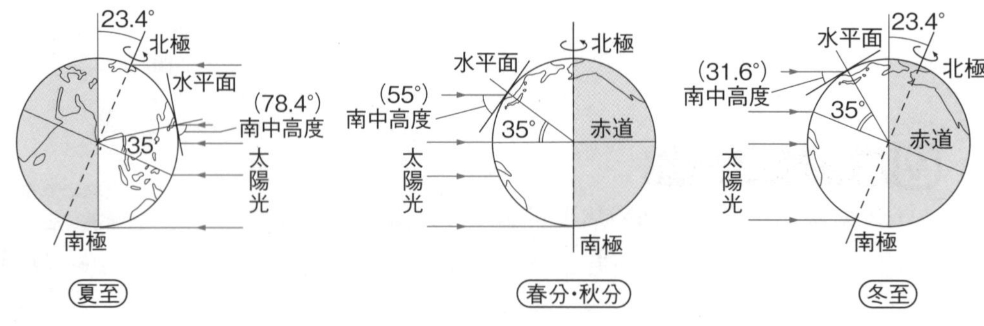

 月の運動と見え方

テーマ　月の形と位置　　月の公転と満ち欠け　　日食　　月食

教科書のまとめ

□**月**　▶地球のまわりを公転し，太陽の光を反射して輝いている球形の天体。

□**月の公転**　▶月が地球のまわりを動いていくこと。地球の北極側から見ると，反時計回りに公転している。

□**月の位置と形の変化**　▶月の公転によって，毎日同じ時刻に見える月の位置は，だんだんと東に移動し，形も変化していく。　→観察2

□**月の満ち欠け**　▶月の見かけの形が変化すること。月の公転によって，太陽の光を反射して輝いて見える部分が変わるため，月の形が変化して見える。

① 新月…地球から見て太陽と同じ方向にあるため，見えない月。新月から再び新月に戻るまでに，約29.5日かかる。

② 三日月…新月から２日目の月で，日没直後，西の空に見える。

③ 半月(上弦の月)…新月から約７日目の月で，日没直後，南の空に見える。

④ 満月…地球から見た月が太陽と反対側にあるときの月。新月から約15日目の月で，日没直後，東の空に見える。

⑤ 半月(下弦の月)…新月から約21日目の月で，日の出前，南の空に見え，昼頃西に沈む。

□**日食**　▶地球・月・太陽の順で一直線上に並んだときに，月が太陽を隠し，太陽の一部または全部が欠けて見えること。

知識
太陽の一部が隠されて見える日食を部分日食，太陽の全部が隠される日食を皆既日食という。

□**月食**　▶月・地球・太陽の順で一直線上に並んだときに，月が地球の影に入って，月の一部または全部が欠けて見えること。

教科書 p.249

観察のガイド

観察2 月の形と位置の観察

❶ 見える景色を記録する。

明るいうちに，南に向かって地平線の近くの景色を確認し，西から東にかけて地形や建物の輪郭(りんかく)をスケッチする。

❷ 月の形と位置を記録する。

日没直後に見える月の位置と形を記録する。その日から２日おきに約２週間，同じ時刻に観察する。デジタルカメラで撮影し，後で記録用紙にかき写してもよい。

❸ 天体望遠鏡や双眼鏡で観察する。

月の形や表面の模様を，天体望遠鏡や双眼鏡で観察してスケッチする。明るく見える部分，暗く見える部分などに注目するとよい。⇨1

1 注意 月は明るいため，天体望遠鏡で月を見る際は，ムーングラスを使用する。双眼鏡を使う場合にも，長時間見ないように注意する。

観察の結果

❷ 同じ時刻に見えた月の形は観察するごとに変わっており，月の位置はだんだんと西から東に移動して見えた。

❸ 月の表面の模様から，地球から見えるのはいつも月の同じ面であった。

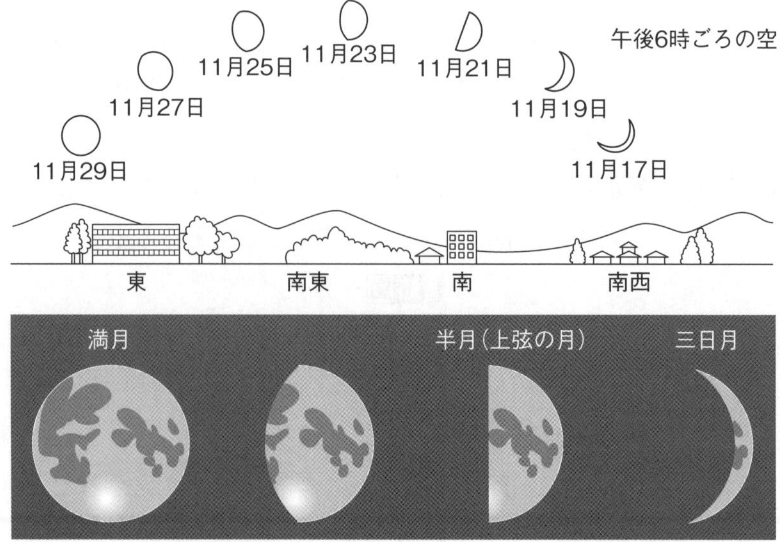

結果から考えよう

日没直後に見える月の形と位置は，どのように変化していくと考えられるか。

→見える月の形は三日月からだんだんと丸くなって半月(上弦の月)から満月に変化し，見える位置は東へ移動していくと考えられる。

教科書 p.251

やってみよう

月の満ち欠けを確かめてみよう

❶ 太陽の方向と月の輝いている部分に注意しながら，月のモデルを円状に動かして，日の入りのときの満ち欠けのようすを観察する。

❷ 真夜中や日の出のときに，月の満ち欠けがどのように変化するか観察する。

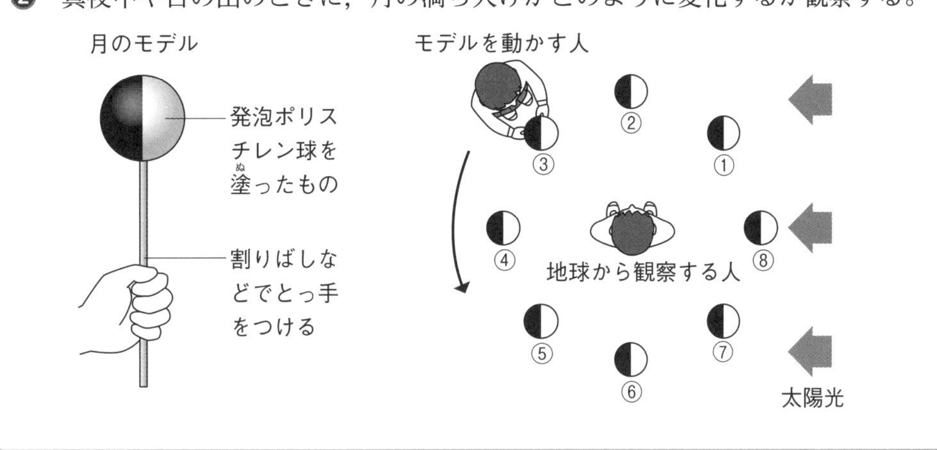

やってみようのまとめ

❶ 三日月→半月(上弦の月)→満月と見える形が変わっていく。

❷ 真夜中の月は，上弦の月が西の空に見えた日から，丸くなっていき，満月になる。満月の後，輝いている部分が減り，細くなっていく。
日の出の月は，満月からだんだん細くなっていき，半月(下弦の月)→新月となる。

3 惑星の運動と見え方

恒星　惑星　金星の見え方

教科書のまとめ

□恒星（こうせい）
▶太陽や星座をつくっている星のように，自ら光を出している天体。

参考
天球上での位置が肉眼で見てわかるほど変わらないため，恒星と名づけられた。

□惑星（わくせい）
▶恒星のまわりを公転し，恒星からの光を反射して光っている天体。金星や地球などは，太陽の惑星である。

知識
夜空を惑（まど）うように不規則に動いて見えるため，惑星と名づけられた。

□金星の見え方
▶地球の公転軌道（きどう）より内側を公転しているため，明け方の東の空か，夕方の西の空にだけ見られる。真夜中には見ることができない。また，公転によって，地球との距離が変化するため，見える大きさが変化し，地球・太陽となす角度が変化するため，満ち欠けする。

→ やってみよう

① よいの明星（みょうじょう）…夕方，太陽が沈んだ後に西の空に輝く金星。
② 明けの明星…明け方，太陽がのぼる前に東の空に輝く金星。

参考
金星の公転速度は地球よりも速いため，太陽，金星，地球の位置関係が毎日変わる。

やってみよう

金星の位置と見え方を観察しよう

2週間に1回程度，日没30分後の西の空や，日の出30分前の東の空に金星を探して，双眼鏡や望遠鏡を活用して観察をしてみよう。⇨✖1

A 金星の位置を調べる

夕方や明け方に金星が見える日時を事前に調べ，２週間おきに４回程度地上の景色と金星の位置をスケッチする。デジタルカメラで撮影し，後から記録用紙にかき写してもよい。⇨✖2

B 金星の形と大きさを調べる

金星を天体望遠鏡(50倍から100倍程度)で観察し，形や大きさを記録する。

⇨✖3

✖1 注意 夜間の観察は，必ず保護者と一緒に行う。

✖2 金星は時期によって見られる時間帯が変化するため，事前に見られる時間帯を調べておく。

✖3 天体望遠鏡で見える像は，上下左右が逆になっているので注意する。

やってみようのまとめ

A 同じ時刻に観察すると，星座をつくる恒星は西へ同じ割合で動いていくが，金星は不規則に動いて見える。

B 恒星は点にしか見えないが，金星は大きさや形が変化した。

夕方，西の空に金星が見えるときに観察すると，大きさはしだいに大きくなり，形はしだいに欠けて見える。
明け方，東の空に金星が見えるときに観察すると，大きさはしだいに小さくなり，形はしだいに満ちて見える。

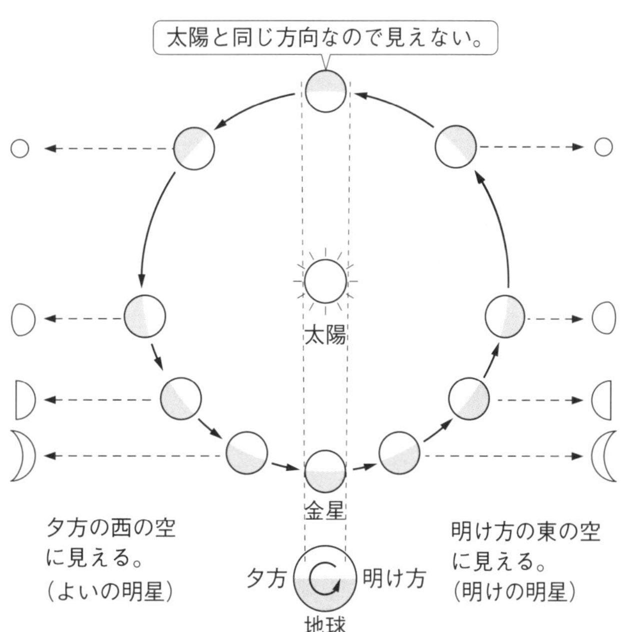

教科書 p.255

やってみよう

金星の見え方を確かめてみよう

❶ 金星のモデルを公転させ，形の見え方の変化を観察する。

❷ 金星のモデルを公転させ，大きさの変化を観察する。

やってみようのまとめ

地球から金星が近いときは，三日月のように欠けた大きなすがたに見えるが，遠いときには，満月のように満ちた小さなすがたに見える。

教科書 p.255

章末問題

①季節の変化が起こるのはなぜか。
②月の満ち欠けが起こるのはなぜか。
③夕方に見える金星は，地球に近づいているときか，遠ざかっているときか。

解答 ①地球が公転面に対して地軸を傾けたまま太陽のまわりを公転しているため。

②月は地球のまわりを公転しており，地球と月の位置関係によって月の光っている部分の見え方が変化するため。

③近づいているとき

考え方 ①地軸が太陽の方向に傾いていると，南中高度が高く，昼の長さも長くなる。太陽と反対方向に傾いていると，南中高度が低く，昼の長さも短い。これによって季節の変化が起こる。

②月は太陽の光を反射している。地球のまわりを公転することによって，地球から見たときの，月が太陽の光を反射している部分の見え方が変わるので，月の満ち欠けが起こる。

③夕方の西の空に金星が見えるときは，地球から見て金星が太陽の左側にあるときなので，地球に近づいてくるときである。地球に近づいてきた金星が太陽と地球の間を通り過ぎると，明け方の東の空に見えるようになる。

テスト対策問題

解答は巻末にあります。

時間30分 /100

1 図１は日本のある地点での春分，夏至，冬至の日の太陽の１日の動きを，図２はこの地点での１年間の日の出と日の入りの時刻を表したものである。次の問いに答えよ。 8点×3(24点)

図１

南 西 北 O X Y Z 東

図２

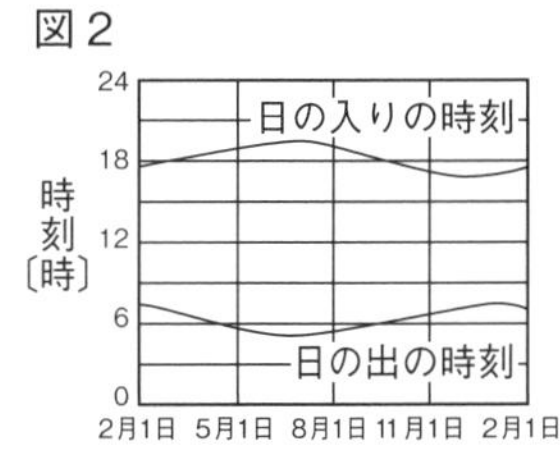

(1) 夏至の日の太陽の動きを表しているのは，図１のX～Zのどれか。 (　　)

(2) 夏の気温が他の季節に比べて高くなるのは，地面が受ける太陽の光の量が多くなるためである。そのようになる理由を，図１と図２を参考に２つ書け。

(　　　　　　　　) (　　　　　　　　)

2 図１は，地球の北極側から見た地球と月の位置，太陽光を模式的に表したものである。図２は，日本のある地点で南中した月をスケッチしたものである。次の問いに答えよ。 8点×5(40点)

図１

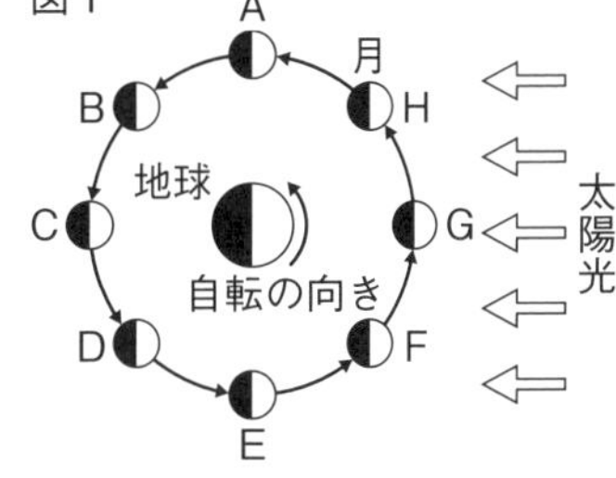

(1) 月が地球のまわりを動いていくことを，月の何というか。 (　　　　)

(2) 図２の形に見える月の位置を，図１のA～Hから選べ。 (　　)

図２

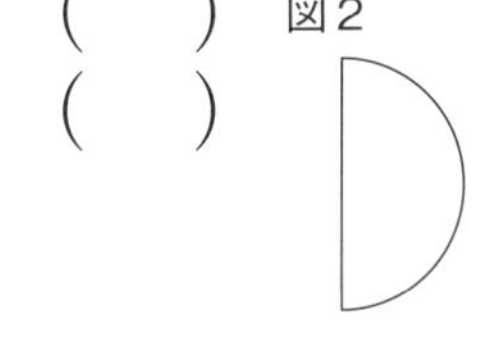

(3) 図２の月が南中したのはいつ頃か。次のア～エから選べ。 (　　)

ア 明け方　イ 正午頃　ウ 夕方　エ 真夜中

(4) 次の文の(　)にあてはまる月の形の名称を答えよ。

①(　　　　) ②(　　　　)

月食が起こるのは(①)のときであり，日食が起こるのは(②)のときである。

3 右の図は，太陽，金星，地球の位置関係を模式的に表したものである。日本のある地点で，日没直後に金星を天体望遠鏡で観察したところ，三日月形に見えた。次の問いに答えよ。 9点×4(36点)

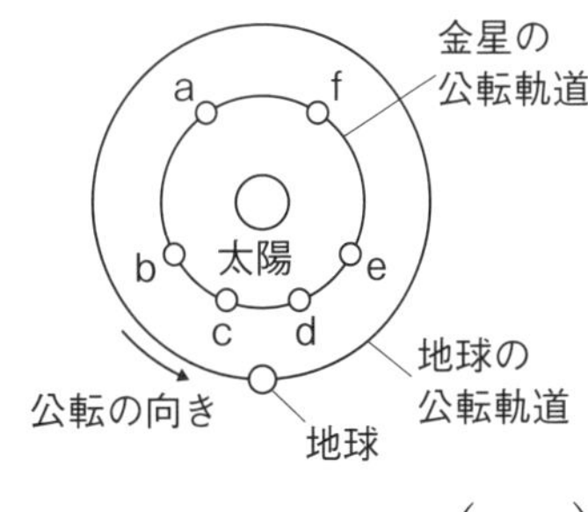

(1) 金星は，東西南北のどの方角の空に見えたか。

(　　　　)

(2) このときの金星の位置として適切なものを，図のa～fから選べ。 (　　)

(3) 金星は真夜中に見ることができるか。 (　　　　)

(4) (3)で答えた理由を簡単に書け。

(　　　　　　　　　　　　　　　　) 

単元5 地球と宇宙

3章 宇宙の中の地球

① 太陽のすがた

テーマ　太陽のようす　黒点の動き

教科書のまとめ

□太陽	▶球形で，高温の気体からできている恒星。直径は地球の約109倍(約140万km)，質量は地球の約33万倍である。 **知識** 太陽の中心部の温度は約1600万℃。
□太陽の表面のようす	▶表面の温度は約6000℃である。 ① 黒点…黒いしみのように見える部分。温度が約4000℃でまわりに比べて低温なので，暗く(黒く)見える。表面に見える黒点の数が多いほど，太陽の活動が活発で，地球では電波障害が起きたり，大規模なオーロラが見られたりする。 ② プロミネンス(紅炎(こうえん))…太陽表面にのびる濃(こ)い高温ガス。温度は約10000℃。 ③ コロナ…太陽の外側に広がる高温・希薄(きはく)なガス。温度は100万℃以上で，皆既日食のときなどに見られる。
□黒点(こくてん)の位置や形の変化	▶黒点を継続して観察すると，黒点の位置や形が変化していく。 → 観察3 ① 黒点の位置の変化…太陽が自転していることを確認できる。 ② 黒点の形の変化…太陽の中央部では円形に，周辺部では楕円(だえん)形に見えることから，太陽が球形であることを確認できる。

教科書 p.257

観察のガイド

観察3 太陽の表面の観察

❶ 鏡筒(きょうとう)を太陽に向ける。

太陽投影板(とうえいばん)をとりつけた天体望遠鏡を太陽の方向に向け，太陽の像が記録用紙に映るようにする。⇨図1

❷ 像がはっきり見えるように調節する。
天体望遠鏡の接眼レンズから投影板までの長さを調節し，太陽の像が記録用紙の円と同じ大きさではっきり見えるようにピントを調節する。

❸ 太陽の動く方位を確かめる。
太陽の像が記録用紙からずれていく方向を確認する。その方向を西として，方位を記入する。

❹ 表面のようすを観察する。
太陽の表面のようすを観察し，黒点が見えたら，太陽の像と記録用紙の円を一致させ，位置と形をスケッチする。太陽を背にして，投影板全体の写真を撮ってもよい。

❺ 継続して観察する。
黒点の位置や形に注目して，１週間継続して観察記録をとる。

※1 注意 目をいためる危険があるため，レンズを直接のぞいてはいけない。

観察の結果

・太陽の像は円形で，表面には黒点が見えた。
・黒点は，日がたつとともに位置が東から西へと移動し，形が変化していた。
・太陽の像の中に見える黒点の数は一定ではない。

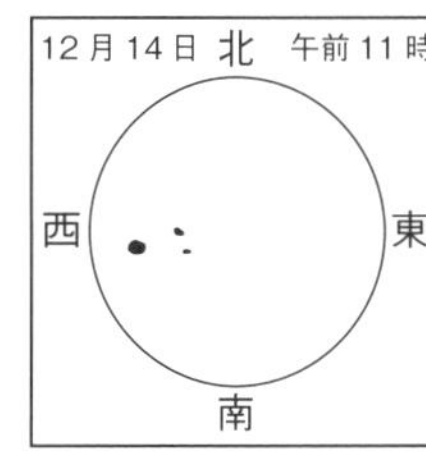

結果から考えよう

黒点の形や数，位置の変化から，太陽についてどのようなことが考えられるか。

→黒点の位置が時間とともに変化することから，太陽が自転していることがわかる。また，黒点の形が，太陽の中央部では円形に，周辺部では楕円形に見えることから，太陽が球形であることがわかる。黒点の数は，太陽の活動のようすを知る手掛かりとなる。

② 太陽系のすがた

テーマ　太陽系　惑星　衛星　小惑星　すい星　流星

教科書のまとめ

□**太陽系** ▶太陽を中心として運動している天体の集まり。恒星の太陽と，太陽からの光を反射して光る８つの惑星，小惑星，すい星，太陽系外縁天体などからなる。

□**惑星** ▶ほぼ同じ平面上を，同じ向きに，太陽のまわりを公転している。太陽からの距離が遠い惑星ほど，公転周期が長く，同じ面積に受ける太陽からのエネルギー量が小さい。 → やってみよう

□**地球型惑星** ▶水星，金星，地球，火星。小型で，主に岩石からなり，密度が大きい。

① 水星…太陽系の中で，太陽に最も近く，最小の惑星。大気がわずかしかなく，昼夜の温度差が約600℃になり，表面は多数のクレーターで覆われている。地球より内側を公転しているため，明け方に東の空か，夕方に西の空に見える。

② 金星…地球のすぐ内側にあり，地球より少し小さな惑星。大気の主成分は二酸化炭素で熱が逃げにくいため，表面温度が約460℃と高温である。硫酸の雲が太陽の光をよく反射するため明るく見え，「明けの明星」，「よいの明星」として親しまれている。

知識
金星や水星は，地球よりも太陽に近い軌道を公転するため，太陽の前を通過するように見える。

③ 地球…太陽系の中でただ１つ，液体の水（海）があり，生命が存在する惑星。太陽系の惑星の中で密度が最大である。大気の約２割を酸素，約８割を窒素が占める。

④ 火星…地球のすぐ外側を公転している惑星。直径は地球の約半分で，表面は酸化鉄を含んだ赤褐色の砂や岩石で覆われている。主に二酸化炭素からなるうすい大気があり，極の周辺はドライアイスや氷で覆われ白く輝く。

□木星型惑星(もくせいがたわくせい)	▶木星，土星，天王星，海王星。大型で，主に気体からなり，密度が小さい。氷や岩石の粒子でできた環(わ)があり，衛星の数が多い。 ① 木星…太陽系最大の惑星。直径は地球の約11倍，質量は約318倍である。主成分は水素とヘリウムであり，それらで構成された大気を，アンモニアの雲が覆っている。自転周期が約10時間で，強い風がふき，しま模様が見られる。地球２個分ほどの大赤斑(だいせきはん)とよばれる巨大(きょだい)な渦(うず)がある。 ② 土星…太陽系で二番目に大きい惑星。太陽系惑星の中で，平均密度が最も小さく，水よりも小さい。小さな岩や氷のかたまりが多数連なって回っているようすが円盤(えんばん)のような環に見える。 ③ 天王星…望遠鏡で最初に発見された惑星。直径は地球の約４倍で，大気中のメタンによって地球からは淡(あわ)い青緑色に見える。自転軸が大きく傾いていて，衛星や環とともに横倒(よこだお)しの状態で公転している。 ④ 海王星…太陽から最も遠い惑星。直径は天王星よりわずかに小さい。表面に存在するメタンが多いため，地球からは海のように青く見える。
□衛星(えいせい)	▶惑星のまわりを公転している天体。月は，地球の衛星である。
□小惑星(しょうわくせい)	▶主に火星と木星の軌道の間にあり，太陽のまわりを公転している，岩石でできている天体。隕石(いんせき)となって地球に落下するものもある。
□太陽系外縁天体	▶海王星より外側を公転している，氷で覆われた天体。太陽系外縁天体の中で大きなものが，めい王星である。
□すい星(せい)	▶氷と細かなちりなどでできている天体。太陽のまわりを細長い楕円軌道で回るものが多く，太陽に近づくと温度が上がって氷が溶け，蒸発した気体とちりが尾を描くように見える。
□流星(りゅうせい)	▶主にすい星から放出されたちりが地球の大気とぶつかって光る現象。

やってみよう

縮尺モデルで，惑星の大きさと位置を確かめてみよう

Ⓐ 大きさの比較をする

表１の半径の数値を参考にして，10億分の１の大きさで，惑星をつくり，大きさを比較する。

Ⓑ 地図で距離の比較をする

表１の太陽からの距離の数値を参考にして，10億分の１の距離を計算する。地図上に，各惑星の位置をかきこみ，太陽からの距離を比較する。

表１

天体	太陽からの距離〔億 km〕	半径〔km〕
水星	0.58	2440
金星	1.08	6052
地球	1.50	6378
火星	2.28	3396
木星	7.78	71492
土星	14.29	60268
天王星	28.75	25559
海王星	45.04	24764
太陽	−	696000

やってみようのまとめ

Ⓐ 地球の半径6378km＝637800000cmの10億分の１は0.6378cmになる。

同様にして，

水星は0.2440cmで，地球の約0.38倍，金星は0.6052cmで地球の約0.95倍，

火星は0.3396cmで，地球の約0.53倍，木星は7.1492cmで地球の約11.21倍，

土星は6.0268cmで，地球の約9.45倍，天王星は2.5559cmで地球の約4.01倍，

海王星は2.4764cmで，地球の約3.88倍になる。

Ⓑ 太陽と水星の距離0.58億km＝58000000kmで58000000000mになる。その10億分の１の距離は58mになる。太陽と各惑星の10億分の１の距離は，金星は108m，地球は150m，火星は228m，木星は778m，土星は1429m，天王星は2875m，海王星は4504mとなり，それぞれの位置に惑星を表せばよい。

③ 生命の星　地球　④ 銀河系と宇宙の広がり

テーマ　地球の環境　星座をつくる星　星団　星雲　銀河系　銀河

教科書のまとめ

□生命の存在する地球の環境
▶生命が存在し続けるには，豊富な液体の水と，酸素などの大気が必要だと考えられている。そのためには，適度な温度環境が保たれることと適度な重力が必要である。

□惑星の温度環境
▶太陽から近いほど受けるエネルギーが大きく，惑星の表面温度は高くなる傾向がある。

参考
地球より太陽に近い金星は，表面温度が約460℃の高温であり，太陽から遠い火星は平均気温が0℃未満である。

□星座をつくる星
▶天球上で同じ方向に見えるが，それぞれちがう距離にある。
① 恒星までの距離…太陽から最も近い恒星までの距離は約4.2光年で，約40兆kmである。

知識
1光年は，光が1年かかって進む距離。約9兆5千億km。

② 恒星の明るさ…等級で表され，数字が小さいほど明るい。1等星は6等星の100倍の明るさで，0等級より明るい天体は，マイナスをつけて表す。

知識
北極星は2.0等級，シリウスは−1.5等級，太陽は地球に近いため，−26.8等級である。

□星団（せいだん）
▶恒星が集まった集団。

□星雲（せいうん）
▶ガスのかたまりをともなった天体。

□銀河系（ぎんがけい）
▶太陽系や星座をつくる星々が属する，千億個以上の恒星からなる集団。渦を巻いた円盤状の形をしており，直径が約10万光年である。太陽系は，銀河系の中心から約3万光年離れた円盤の部分にあり，円盤に分布する遠くの恒星は川のように帯状に見える。これが地球からは天の川として見える。

□銀河(ぎんが)	▶恒星が数億から数千億個，ときには１兆個以上も集まった大集団。銀河系も銀河の１つで，さまざまな形をした銀河が数千億個あり，その多くが集団をつくって，宇宙に散在している。
□地球と宇宙	▶400年ほど前に天体望遠鏡が登場し，宇宙が100億年以上前に誕生したことがわかった。近年では，最新技術を駆使(くし)した観測から，宇宙の成り立ち，物質を構成する元素と星々との関係などがわかってきている。 **知識** ALMA(アルマ)望遠鏡，すばる望遠鏡などの天体望遠鏡がある。

教科書 p.266

やってみよう

太陽からの距離によって，惑星が受けるエネルギーにちがいがあることを確かめてみよう

❶ 教室に暗幕を張り，光源を中央に置く(周囲に光を反射するものが，なるべくないようにする)。

❷ 光源と照度計を同じ高さにし，光源の位置から照度計までの距離をメジャーで正確にはかる。

❸ 光源から，60，90，120，150，180，210，240cmの距離で照度計の値を読みとる。

やってみようのまとめ

光源からの距離が大きくなると，照度計の値が急激に小さくなる。したがって，光源からの距離が大きくなると，急激に受けとる光が減っていくことがわかる。

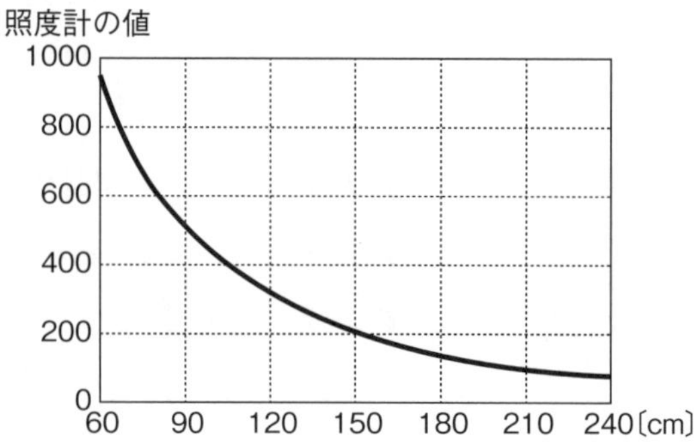

章末問題

①太陽はどのような形をしているか。また，それはどのようなことからわかるか。
②地球型惑星，木星型惑星に属する太陽系の惑星をそれぞれあげなさい。
③太陽系には８つの惑星の他にどのような天体があるか。
④太陽系や星座をつくる星々が属する，千億個以上の恒星からなる集団を何というか。

①球形をしている。太陽を投影すると円の形になっており，黒点を観察すると，縁に近づくほど形がつぶれて見えるため。
②地球型惑星：水星，金星，地球，火星
　木星型惑星：木星，土星，天王星，海王星
③衛星，小惑星，太陽系外縁天体，すい星
④銀河系

①太陽が球形であるため，黒点は，中央部では円形に，周辺部では楕円形に見える。
②地球型惑星は，小型で主に岩石からなる，密度の大きい惑星で，水星，金星，地球，火星が属する。一方，木星型惑星は，大型で主に気体からなる，密度の小さい惑星で，木星，土星，天王星，海王星が属する。
③衛星は惑星のまわりを公転している天体，小惑星は主に火星と木星の間を公転している岩石でできた小さな天体。太陽系外縁天体は海王星の外側にあるめい王星など。すい星は氷と細かなちりなどでできた天体である。
④銀河系のさらに外には，銀河系と同じような恒星の大集団が数多く存在している。これらを銀河といい，M51(りょうけん座)，M104(おとめ座)，M81(おおぐま座)などがある。

テスト対策問題

解答は巻末にあります。

時間30分 /100

1 天体望遠鏡を太陽の方向に向け，記録用紙にかいた直径10cmの円と太陽の像の大きさが合うようにピントを調節した。右の図は，観察した太陽の表面のスケッチを表している。次の問いに答えよ。

10点×6(60点)

北　X　西　東　南　10cm

(1) 太陽のように，自ら光り輝く天体を何というか。

(　　　　)

(2) 太陽を観察したところ，図のXのような黒いしみのようなものが見えた。これを何というか。

(　　　　)

(3) Xは，まわりより暗いため黒く見える。まわりより暗い理由を簡単に書け。

(　　　　)

(4) Xは円形で直径が3mmであった。太陽の直径が地球の直径の109倍であるとすると，Xの実際の直径は，地球の直径の何倍か。小数第2位を四捨五入して答えよ。

(　　　　)

(5) 天体望遠鏡の鏡筒を固定しておくと，太陽の像が記録用紙からずれていった。その原因は何か。次のア～エから選べ。

(　　)

ア　太陽の自転　　イ　地球の公転　　ウ　地球の自転　　エ　地軸の傾き

(6) 天体望遠鏡で太陽を観察しているとき，ファインダーをのぞいてはいけない。その理由を簡単に書け。

(　　　　)

2 太陽系の天体について，次の問いに答えよ。

8点×5(40点)

(1) 太陽からの距離が遠いほど，公転周期はどのようになるか。

(　　　　)

(2) 太陽系の惑星は，地球型惑星と木星型惑星に分けることができる。木星型惑星と比較したときの地球型惑星の特徴を，質量と密度についてそれぞれ答えよ。

質量(　　　　)

密度(　　　　)

(3) 太陽系の惑星のうち，地球型惑星であるものを全て答えよ。

(　　　　)

(4) 主に火星と木星の公転軌道の間にあり，岩石でできた天体を何というか。

(　　　　)

単元5 地球と宇宙

探究活動 課題を見つけて探究しよう

季節の変化を調べよう

テーマ 国や地域のちがいと季節の移り変わり

教科書のまとめ

□太陽の日周運動	▶地球の自転によって起こる，太陽の1日の見かけの運動。北半球では，東，南，西の順に動いていくように見えるが，南半球では，東，北，西の順に動いて見える。
□地球の自転	▶地球が地軸を軸として，西から東へ約1日に1回転すること。

教科書 p.276

やってみよう

国や地域による，季節の移り変わりのちがいを調べよう

❶ 調べる国や地域を決める。
南半球や赤道上の地域を選ぶ。

❷ 調べるためのモデルを考える。
地球儀と透明半球を使って，太陽の光の当たり方を調べる。

❸ 光の当たり方の変化を調べる。
1．南半球では，太陽の動きはどのように変化していくか。
2．赤道上では，太陽の動きはどのように変化していくか。

やってみようのまとめ

・北半球では，太陽は南の空で最も高くなる。
・北半球が冬至の頃，南半球では太陽が北の空の高い位置を通る。
・北半球が夏至の頃，南半球では太陽が北の空の低い位置を通る。
・赤道上では，太陽の高度が常に高い。

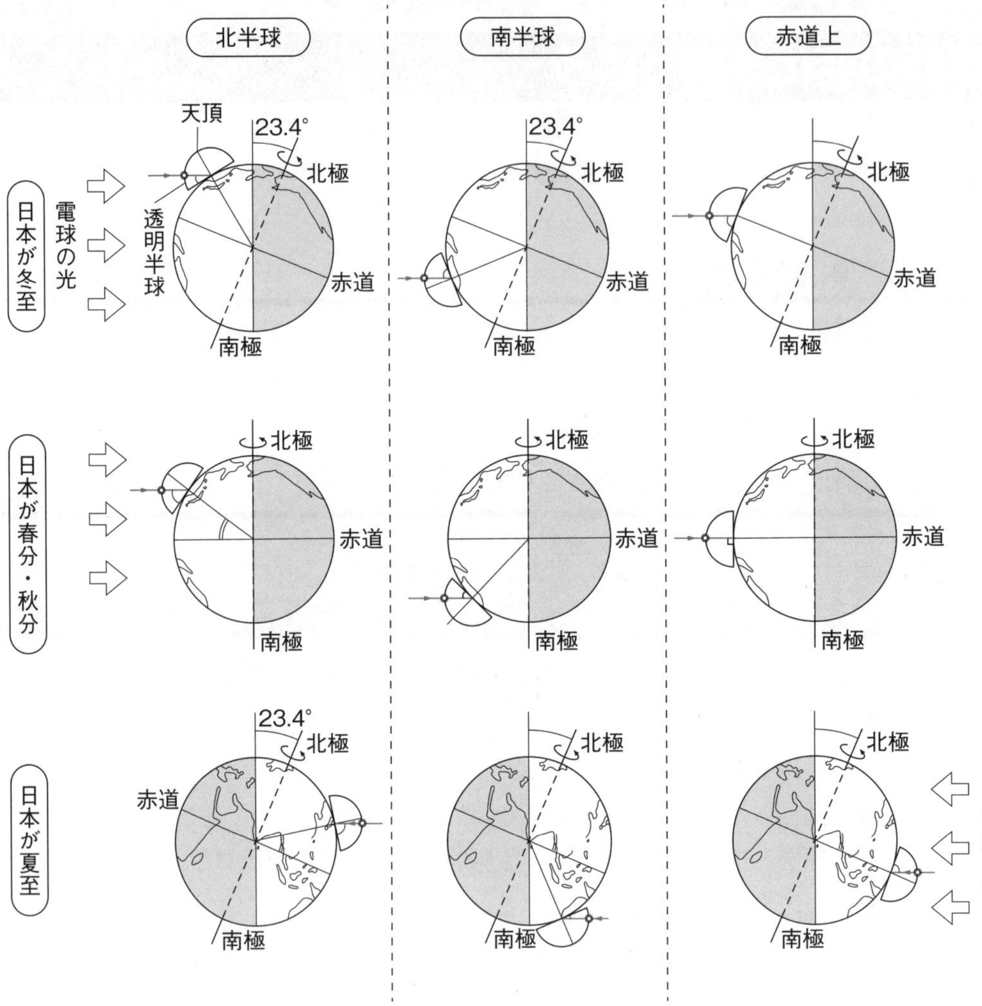

北半球　南半球　赤道上

日本が冬至　電球の光　天頂　透明半球　23.4°　北極　赤道　南極

日本が春分・秋分　北極　赤道　南極

日本が夏至　23.4°　北極　赤道　南極　電球の光

上の図から，南半球や赤道上では，太陽の動きは下の図のように変化すると考えられる。

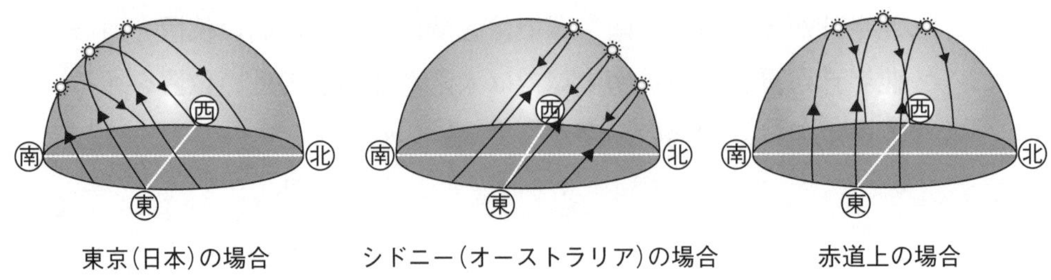

東京(日本)の場合　シドニー(オーストラリア)の場合　赤道上の場合

単元末問題

1 太陽の１日の動き

図は，日本のある地点である日の太陽の位置を一定時間ごとに観察し，透明半球上に印をつけ，滑らかな線で結んだ記録である。点Eは最も高くなった位置である。次の問いに答えなさい。

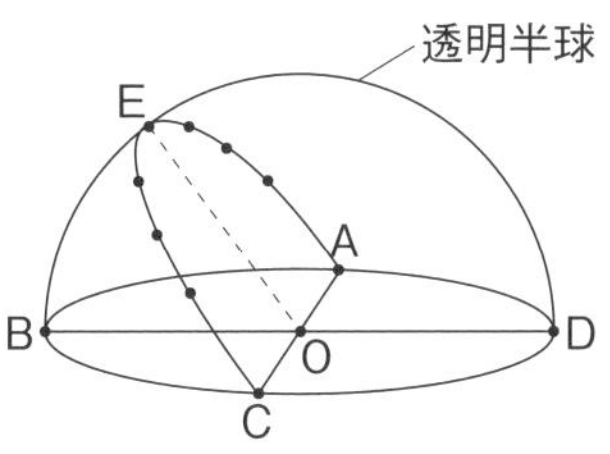

①透明半球上に太陽の位置を記録するのに，ペン先の影はどこと一致させればよいか。

②この日の日の出の位置は，AとCどちらの点か。

③北の方角は，A〜Dのどれか。

④∠BOEで示される角度を何というか。

⑤図のような太陽の１日の動きを何というか。

解答 ①O

②C

③D

④南中高度

⑤(太陽の)日周運動

①円の中心Oから太陽を観察していることになる。

②，③北半球では，太陽は東からのぼり，南の空を通って西に沈むので，Bが南，Dが北，Cが東，Aが西になる。したがって，日の出の位置はC，日の入りの位置はAである。

④太陽が南の空で最も高くなることを南中といい，南中したときの太陽の高度を南中高度という。

⑤太陽の日周運動は，地球の自転によって起こる見かけの運動である。

2 星の１日の動き

図のA〜Dは，日本のある場所での，天球上の西，南，東，北の空の位置を示している。また，ア〜エはそれぞれ観察者から見たある方角の星の動きを表している。次の問いに答えなさい。

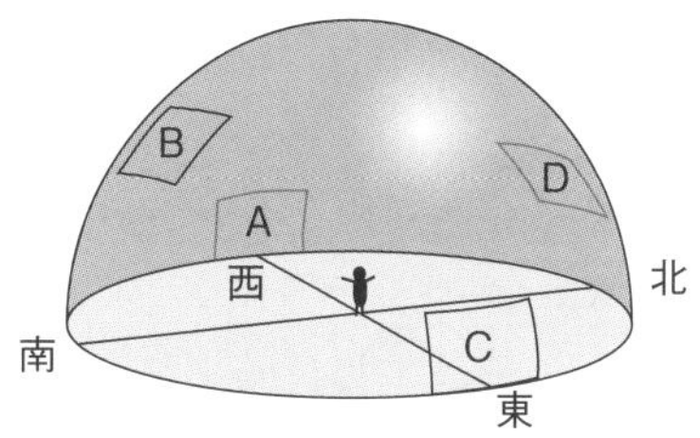

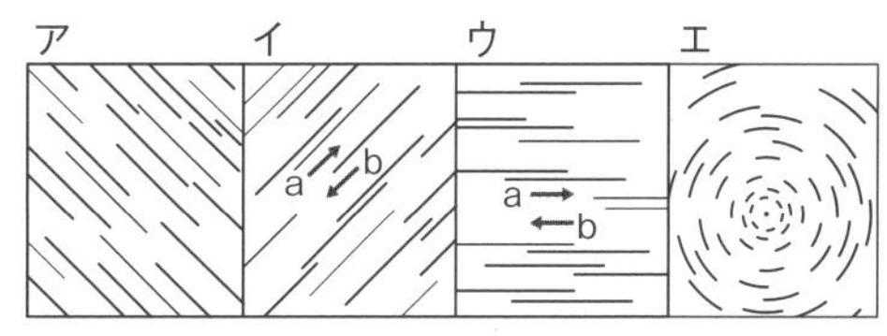

①A〜Dの空の星の動きを表しているのは，それぞれア〜エのどれか。

②イ，ウの星はそれぞれa，bどちら向きに動いているか。

③星の１日の動きを何というか。

④③のような動きがなぜ起こるのか説明しなさい。

解答 ①A：ア　B：ウ

C：イ　D：エ

②イ：a　ウ：a

③(星の)日周運動

④地球が自転しているから。

考え方 ①，②東の空の星は右上がりに，南の空の星は左から右に，西の空の星は右下がりに動く。北の空の星は北極星をほぼ中心に反時計回りに動く。
③，④地球の自転によって，星は１時間に15°ずつ東から西に動いて見える。

3 北の空の星の動き

図は，ある日の北の空に見られた星の動きをスケッチしたものである。次の問いに答えなさい。

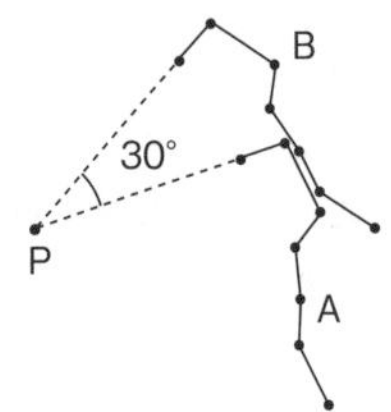

①この星の並びを何というか。

②Pの星はほとんど動かなかった。この星は何か。

③Bのスケッチは午後11時のスケッチである。Aのスケッチは何時のスケッチか。

解答
①北斗七星
②北極星
③午後９時

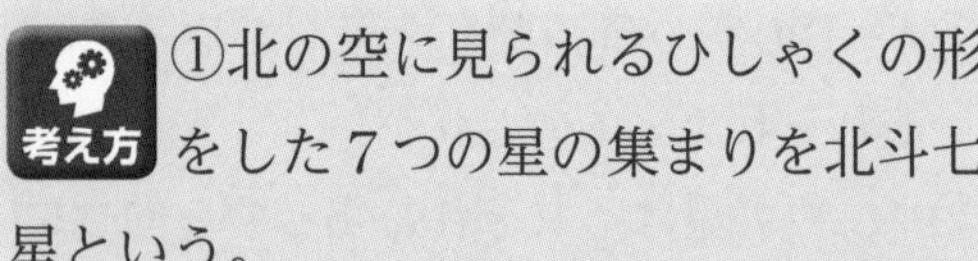

考え方 ①北の空に見られるひしゃくの形をした７つの星の集まりを北斗七星という。
②北極星は，地軸の北極側の延長線上近くにあるので，ほとんど動かないように見える。
③北の空の星は反時計回りに１時間に15°ずつ動くので，AはBの２時間前の位置である。

4 四季の星座

図は，日本のある地点で，７，８，９月のそれぞれ15日の午後８時にさそり座を観察し，スケッチしたものである。次の問いに答えなさい。

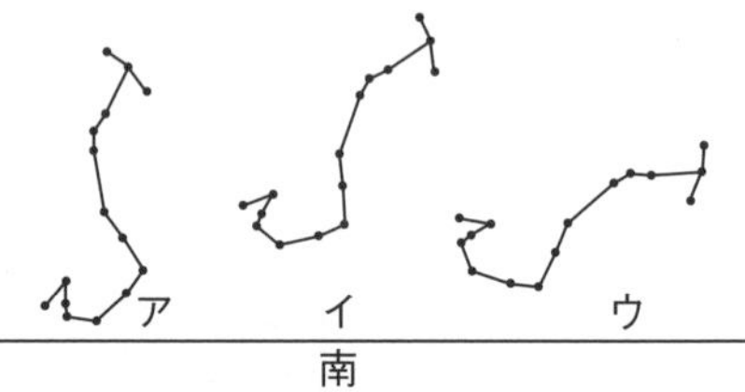

①９月15日午後８時のさそり座は，アとウのどちらの位置にあったか。

②７月15日のさそり座がイの位置にきたのは何時か。

③同じ時刻に見えるさそり座が日ごとに位置が変わって見えるのは，地球が何という運動をしているためか。

解答
①ウ
②午後10時
③公転

考え方 ①，③地球の公転によって，同じ時刻に見える星座の位置は，１か月に約30°ずつ東から西に動いて見える。したがって，アが７月でウが９月である。
②日周運動の30°は，２時間分である。

5 地球の公転と季節の変化

図は，地球が太陽のまわりを公転しているようすと，それをとりまく主な星座の位置関係を示したものである。次の問いに答えなさい。

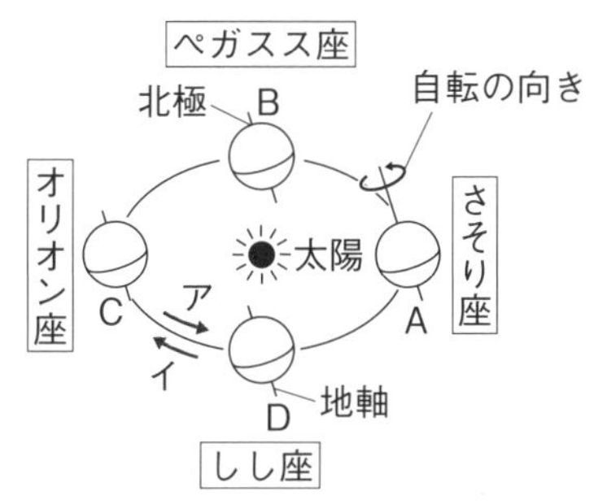

①地球の公転の向きはア，イのどちらか。
②夏至のころの地球の位置はA~Dのどれか。
③ペガスス座を見ることができない地球の位置は，A~Dのどれか。
④日没直後，南の空にオリオン座が見える地球の位置は，A~Dのどれか。
⑤日本で太陽の南中高度が最も高い地球の位置は，A~Dのどれか。

解答
①ア
②A
③D
④D
⑤A

考え方 ①地球の公転の向きは，北極側から見て，地球の自転の向きと同じ反時計回りである。
②地軸の北極側が太陽の方向に傾いているときが夏至のころである。
③地球から見て太陽と同じ方向にある星座は，1日中見ることができない。
④オリオン座は，地球から見て太陽と反対方向にあるCの位置のとき，真夜中に南の空に見える。星が同じ位置に見える時刻は，1か月に約2時間ずつ早くなるので，真夜中の約6時間前の日没直後，南の空にオリオン座が見えるのは，Cの位置から3か月後のDの位置のときになる。
⑤北半球の日本で太陽の南中高度が最も高くなるのは，夏至の日である。

6 月の運動と見え方

図は，地球の北極側から見た月の公転のようすを表した模式図である。次の問いに答えなさい。

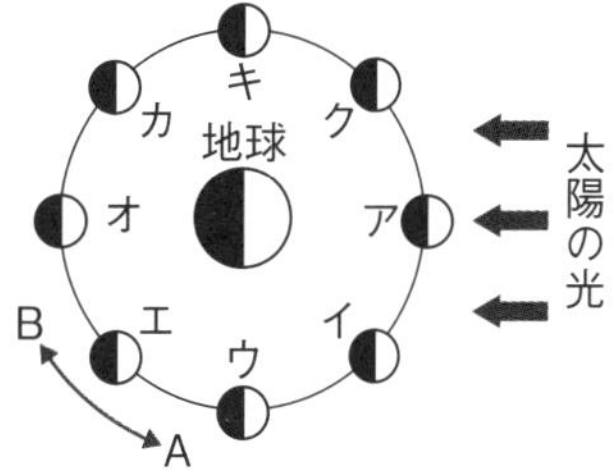

①月の公転の向きは，A，Bのどちらか。
②三日月，満月，下弦の月が見えるのは，それぞれア~クのどの位置の月か。
③日食，月食が起きる場合，月はそれぞれア~クのどの位置にあるか。

解答
①A
②三日月：ク　満月：オ
下弦の月：ウ
③日食：ア　月食：オ

考え方 ①地球の北極側から見て，月の公転の向きは地球の自転の向きと同じ反時計回りである。
②地球から見た月が太陽と同じ方向のアのときが新月，太陽と反対方向のオのときが満月である。月の形は，新月から三日月，上弦の月，満月，下弦の月から再び新月に変化する。下弦の月は，西の空

単元5

で月が沈むとき，弓の弦にあたる部分(半月の平らな部分)が下になる月で，真夜中頃東の空からのぼり，日の出の頃南の空に見える。
③日食は，「太陽→月→地球」の順，月食は「太陽→地球→月」の順でそれぞれ一直線上に並んだときに起こる。

7 金星の見え方

図は地球から見える金星の形と，太陽・金星・地球の位置関係を示したものである。次の問いに答えなさい。

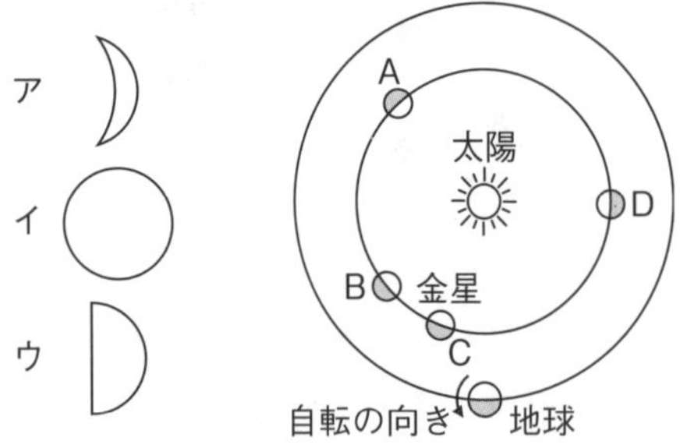

①ア～ウの形の金星で，最も大きく見えるのはどの金星か。また，その金星はA～Dのどの位置にあるときか。
②Dの位置にある金星は，明け方，夕方どちらに見えるか。また，東西南北のどの方角の空に見えるか。

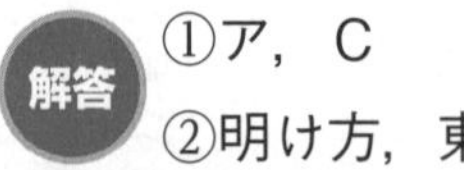

解答 ①ア，C
②明け方，東

考え方 ①金星は太陽の光が当たっている面が光って見えるので，アとウの形の金星は，地球から見て金星が太陽の左側の位置にあるときである。また，金星は，地球に近いときほど大きく見え，欠け方も大きい。
②金星は地球の公転軌道より内側を公転する惑星なので，夕方の西の空か，明け方の東の空にしか見えない。A，B，Cの位置の金星は夕方の西の空に見え，「よいの明星」という。

8 太陽の観察

図は，太陽の表面のようすを毎日同じ時刻に連続してスケッチしたものである。次の問いに答えなさい。

9月23日

①黒いしみのようなものを何というか。
②①の部分が黒く見えるのはなぜか。
③黒いしみの位置が変わって見えることから，どんなことがわかるか。
④太陽を天体望遠鏡で観察するとき，絶対にしてはいけないことは何か。

解答 ①黒点
②周辺より温度が低いため。
③太陽が自転していることがわかる。
④接眼レンズを直接のぞいて見ること。

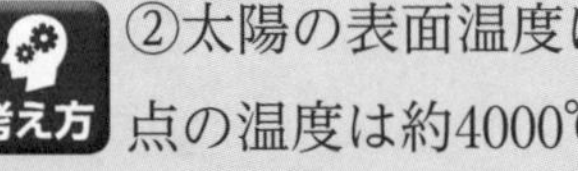

考え方 ②太陽の表面温度は約6000℃，黒点の温度は約4000℃である。
③黒点の位置が移動していることから，太陽が自転していることがわかる。また，黒点が中央部にあるときと周辺部にあるときで形が変わることから，太陽が球形であることがわかる。

④太陽の光は非常に強いので，肉眼や望遠鏡で太陽を直接見ると，目をいためることがあり，とても危険である。

9 太陽系の惑星

図のA～Hは，太陽系の惑星である。次の問いに答えなさい。

①A～Hのうち，最も太陽から離れている惑星はどれか。

A 金星 B 水星 C 天王星 D 土星

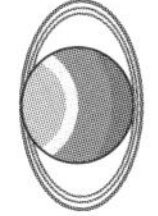

E 地球 F 火星 G 木星 H 海王星

②A～Hのうち，最も半径が大きい惑星はどれか。

③太陽系の惑星は，地球型惑星と木星型惑星に分けられる。地球型惑星の特徴を，次のア～エより２つ選びなさい。また，A～Hのうち，地球型惑星であるものを，全て答えなさい。

ア主に岩石からできていて，密度が大きい。

イ主に気体からできていて，密度が小さい。

ウ太陽から遠いところで公転している。

エ太陽に近いところで公転している。

解答

①H

②G

③特徴：ア，エ

地球型惑星：A，B，E，F

考え方 ①太陽のまわりを，水星，金星，地球，火星，木星，土星，天王星，海王星がほぼ同じ平面上で，同じ向きに公転している。太陽から最も近い水星までの距離は約0.58億km，太陽から最も遠い海王星までの距離は約45億kmである。

②太陽系最大の惑星は木星で，半径は地球の約11倍である。２番目に大きい惑星は土星である。

③地球型惑星の密度は５ g/cm^3 前後で，木星型惑星の密度は１ g/cm^3 前後である。地球型惑星は，火星とその内側を公転している惑星である。木星型惑星は，木星とその外側を公転している惑星である。

単元5

読解力問題

❶ 日時計

解答 ①ア：西　イ：北　ウ：東

②ア：冬至　イ：春分，秋分　ウ：夏至

③春分：ウ　夏至：オ　秋分：ウ　冬至：ア

考え方 ①影は太陽と反対の方向にできるため，朝は西，昼は北，夕方は東に影ができる。

②南中高度が高いほど，影の長さは短くなる。

③太陽の１日の動きを，天球を使って考えてみるとよい。夏至の日の出，日の入りの位置は真東，真西より北寄りである。そのため，日の出，日の入りの時刻には棒よりも南寄りに影ができ，南中したときには北寄りに影ができる。

冬至の日の出，日の入りの位置は真東，真西より南寄りである。そのため，常に棒よりも太陽が南寄りにあるので，棒よりも北寄りに影ができる。

天球を使って考えたとき，春分と秋分の日の出，日の入りは真東，真東なので，天球の中心から太陽までの距離が変わらない。

❷ 月の形

解答 ①A：東　B：南　C：西

②上弦の月

③南

④エ

⑤夕方に東の空に見える月なので，満月に近い月だと考えられる。

考え方 ①月は東からのぼり，南を通って西に沈む。また，月は，太陽の光を反射して輝いている天体なので，月の輝いている側に太陽があると考えられる。

③，④９月29日の満月を過ぎると右側がしだいに欠けて，６日後の10月５日には，左半分が光って見える下弦の月に近いことがわかる。このころの月は，真夜中に東，日の出のころに南に見られ，正午ごろに西に沈む。

⑤太陽が西に，月が東に見えるのは，地球から見て月が太陽の反対方向にあるときで，満月に近い形に見える。

単元6 地球の明るい未来のために

1章 自然環境と人間

① 自然環境の変化

テーマ　生物と自然環境　人間の活動と自然環境　身近な自然環境の調査

教科書のまとめ

□自然環境の変化	▶生物は周囲の環境の影響を受けるとともに，環境を変えてきた。環境に大きな変化があれば，その環境に適合した生物にとって影響は避けられない。 例湿地の乾燥化，サンゴの白化現象。
□生物の絶滅(ぜつめつ)	▶世界の人口の増加や人間活動の増大は自然環境や生態系に大きな影響を与え，多くの野生動物が数を減らし，一部は絶滅した。
□絶滅危惧種(きぐしゅ)	▶絶滅が心配されている種。絶滅危惧種の一覧はレッドリストとよばれ，対象の生物の保護がよびかけられている。
□地球温暖化(ちきゅうおんだんか)	▶近年，地球の気温が上昇している現象。産業革命以降，人間の活動が活発になったことが原因の一つであると考えられている。
□外来種(がいらいしゅ)（外来生物）	▶もともと生息していなかった地域に，人間の活動によって持ちこまれて定着した生物。

教科書 p.292

やってみよう

調査例1 川の水を調べよう

教科書p.293の図10に示した生物は指標生物といい，水の汚(よご)れの程度を調べる手段として利用されている。近くの川の水を調べてみよう。⇨✖1

❶ 水底の石の表面や砂の中にいる水生生物を採取する。

❷ 採取した水生生物の種類と個体数を記録する。

❸ 図10の中でどの生物が多いか調べ，水の汚れの程度を判定する。

✖1 注意生物の採取を行うときは，先生の指示に従って行動する。

やってみようのまとめ

指標生物は，決まった汚れ具合のところにすむ生物なので，数が多い生物の種類から，水の汚れの程度を知ることができる。

単元6 1章

教科書 p.292

やってみよう

調査例2　野鳥を観察しよう

❶ 市街地, 田畑, 雑木林などのように, 土地の状態が異なる2つの場所を決める。
❷ それぞれの場所で2kmくらいのコースを設定し, コースから25mくらいの範囲に見られる野鳥の種類と個体数を記録する。
❸ 観察した野鳥を分類し, 2つの場所の結果を比べる。

やってみようのまとめ

人が生活している市街地ではヒヨドリやカラス類, ドバトが多く見られる。えさとなる植物や昆虫などがあるところでは, スズメやムクドリ, セキレイ類, ヒバリなどが見られる。

教科書 p.292

やってみよう

調査例3　マツの葉の気孔のようすを調べよう

マツの葉の気孔には, 空気中のすすやほこりなどの汚れが付着しやすく, 汚れた気孔は黒くなる。

マツの気孔を観察してみよう。

❶ さまざまな場所でマツの葉を採取する。採取した地点を地図上に記録しておく。
❷ 採取したマツの葉の平らな部分を上にして, セロハンテープでスライドガラスに固定する。
❸ 顕微鏡で気孔を観察し, 気孔のようすを記録する。
❹ 付着物で黒く汚れている気孔を数え, 観察した気孔の総数に対する割合を計算する。
❺ ❹の値から, 採取した地点の環境を考える。

やってみようのまとめ

車などの交通量が多いところほど, 黒く汚れている気孔の割合が大きい。車の排ガスなどにより空気が汚れていると考えられる。

❷ 自然環境の保全　❸ 地域の自然災害

テーマ　自然環境の保全　地域の自然災害

教科書のまとめ

□自然を守る　▶小笠原諸島，屋久島，白神山地，知床半島などは，世界自然遺産に登録されており，自然の中核となる地域を保護しながら，人が自然とふれ合うことができるようにして自然と人間の共生がはかられている。私たちは手つかずの自然だけでなく，里山や身のまわりの大気，水，土壌などの自然環境の保全に努める必要がある。

知識 里山
人里の近くにある，雑木林や田畑，小川，ため池などがまとまった地域一帯のこと。

□自然をつなぐ　▶ある地域の自然を保護するだけでなく，行動範囲の広い動物が，移動できるような工夫することで生態系を維持できる場合がある。
例道路で分断された生息地に，動物の通り道をつくる。
ダムや堰などが設置された川に，魚が遡上する魚道を設ける。

□気象災害　▶日本列島は北半球の中緯度帯にあり，南北に長く，海に囲まれているため，大陸性と海洋性の気団の影響を強く受ける。そのため，台風，豪雨，竜巻などが発生し，さまざまな災害をもたらす。

□地震による災害　▶海のプレートと陸のプレートの境界で地震が起こると，地面の揺れだけではなく津波も発生することがある。また，日本列島内部では，あちこちに断層がつくられ，この時に発生する地震は比較的浅く，激しい揺れを起こす。

□火山による災害　▶火山が噴火すると，火山噴出物により大きな被害をもたらすことがある。例火山弾などの衝突，火山灰による農作物や交通への影響，火山ガスの発生，火砕流，土石流。

知識 火砕流
高温の岩石，火山灰，火山ガスが一体となって斜面をかけ下りる現象。

□自然災害から身を守る	▶災害を防いだり，被害を小さくしたりするため，さまざまなとり組みが行われている。 ・地震や火山噴火の予測を目指した研究が行われている。 ・大きな地震が発生すると，直後に緊急地震速報(きんきゅうじしんそくほう)を発表して警戒(けいかい)を促している。 ・50の火山を24時間体制で観測・監視(かんし)している。(2018年現在) ・建築物を災害に強いものにしたり，堤防(ていぼう)や治水(ちすい)設備を整備したりしている。 ・ひとりひとりが日頃(ひごろ)から，安全対策や災害時にどのような行動をとるべきか考え，備えておくことが大切である。

教科書 p.297

やってみよう

地域の自然災害を調べてみよう

❶ 地域の特徴を考えよう。
・火山，海，川などが近くにあるか。
・気象にはどのような特徴があるか。
❷ 過去にどのような災害があったか。
❸ 災害を防ぐ工夫はされているか。

やってみようのまとめ

調べた内容を，「調査目的」，「調査方法」，「調査結果」，「考察」，「感想」というように，レポートにまとめる。地形図なども参考にするとよい。

教科書 p.299

話し合おう

災害から身を守るには，どのようにしたらよいか考えよう

・すんでいる地域でよく起こる災害について，調べてみよう。
・できるだけ被害を防いだり，減らしたりする方法はないだろうか。
・普段から備えておくことは何かあるだろうか。

話し合おうのまとめ

起こる災害によって，備えておくものや対策方法が変わる。また，すんでいる地域の避難(ひなん)場所はどこか，しっかり確認しておく必要がある。

単元6 地球の明るい未来のために

2章 科学技術と人間

① エネルギーの利用

テーマ　電気エネルギーの利用　　電気エネルギーのつくり方

教科書のまとめ

□エネルギー消費量の推移	▶日本のエネルギー消費量は，経済が発展するに従い，増加してきた。近年は省エネルギー化が進み，エネルギーの消費が抑(おさ)えられている。
□日本人の家庭のエネルギー消費量	▶日本人の家庭では，平均すると1人当たり1年間で約1.5×10^{10}J，毎秒約500Jのエネルギーを使っている。 エネルギー消費量は昼と夜で変化し，季節でも異なる。また，家庭によってもちがいがある。 **知識** 毎秒500Jのエネルギー消費量を仕事率の単位で表すと，約500Wとなる。
□電気エネルギーの利用	▶電気エネルギーは，光や熱，運動などの他のエネルギーに変換しやすい。また，家庭で使われているエネルギーの約半分が電気エネルギーであり，電気は私たちの生活の中で大変重要な役割をもっている。 **参考** 家庭で使われるエネルギーの割合 電気が50.6％で，都市ガス・灯油・LPガスなどが48.9％である（2016年度）。
□電気エネルギーのつくり方	▶電気エネルギーは，火力発電，水力発電，原子力発電などから得られる。近年は，太陽光発電，風力発電などから得られる発電電力量が増えている。 **知識** 2011年の東京電力福島第一原子力発電所の事故後，原子力発電所からの電力量の割合は減少した。

□火力発電

▶石油，天然ガス，石炭などを燃やして高温の水蒸気をつくり，発電機を回して発電する。

・長所…大きな電気エネルギーを得ることができ，出力のコントロールがしやすい。電力の大消費地でも発電所をつくれる。技術開発が進み，高いエネルギー変換効率で発電される。

・短所…燃料に限りがある。大気を汚染する物質や二酸化炭素を多く排出する。ほとんどの化石燃料を輸入に頼っている。

□水力発電

▶ダムにたまった水の位置エネルギーを利用して，発電機を回して発電する。

・長所…発電段階では二酸化炭素を排出しない。水資源が豊富な日本に向いている。揚水式発電所では需要の少ない夜間に水をくみ上げ，需要の多いときに発電できる。

・短所…ダム建設時に自然破壊が生じる場合がある。日本にはすでに多くのダムがあるため，新規建設は困難である。

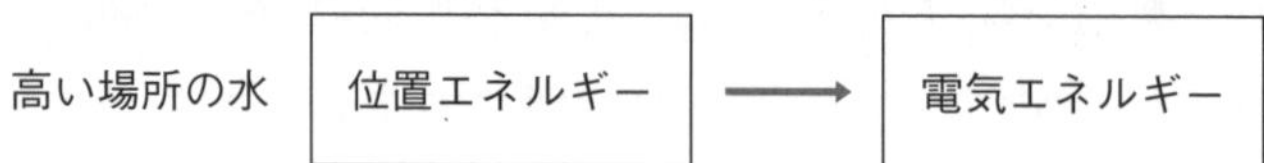

□原子力発電

▶核エネルギー(ウラン原子などが核分裂するときのエネルギー)で水を加熱して高温の水蒸気をつくり，発電機を回して発電する。

・長所…少量の燃料で大きなエネルギーがとり出せる。発電段階では二酸化炭素を排出しない。

・短所…放射性廃棄物の厳重な管理が必要。事故が起こると被害が大きい。ウランは輸入に頼っている。

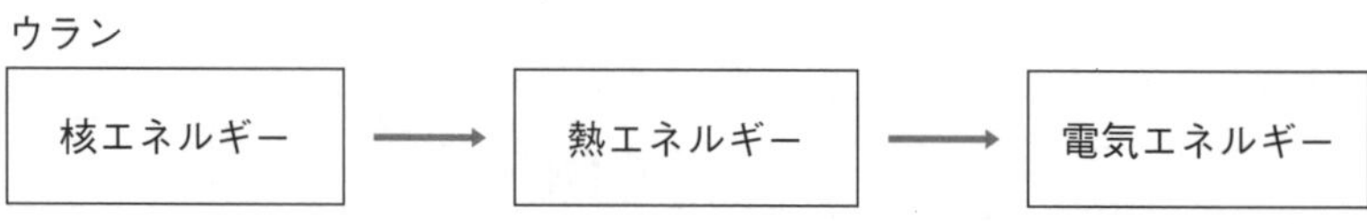

□太陽光発電

▶光エネルギーを電気エネルギーに変換する装置(光電池)により，発電する。

・長所…発電段階では大気を汚染する物質や二酸化炭素を排出しない。一般の住宅などにも設置することができる。

・短所…時間帯や天候により発電量が大きく変わる。発電設備の設置にあたり，自然破壊が生じる場合がある。

□地熱発電 ▶地下深くの熱によって蒸気を発生させ，発電機を回して発電する。

・長所…燃料を必要としない。発電段階では二酸化炭素を排出しない。

・短所…設置場所が限られる。開発費や調査費が高いため，稼働(かどう)まで長期間を要する。

□風力発電 ▶風で風車を回し，それを発電機に伝えて発電する。

・長所…燃料を必要としない。発電段階では二酸化炭素を排出しない。

・短所…風がふかないと発電できない。風車の回転による騒音(そうおん)が発生する。鳥の衝突が懸念(けねん)される。設置場所が限られる。

□バイオマス発電 ▶植物・廃材(はいざい)・生ゴミ・下水・動物の排泄物(はいせつぶつ)などの有機資源（バイオマス）を用いて発電する。有機資源をそのまま燃やしたり，一度ガスにして燃やしたりすることで，火力発電と同様に発電を行う。

・長所…燃料を確保することができれば，安定した発電量を見こむことができる。また，ゴミや廃材を減らすことができる。

・短所…燃料を安定して確保することが難しい。廃棄物の収集などに費用がかかる。

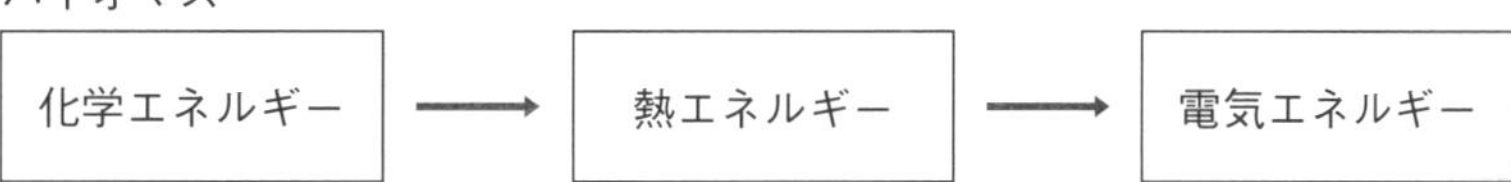

単元6 2章

❷ エネルギー利用の課題

テーマ　化石燃料　　再生可能エネルギー　　原子力の利用

教科書のまとめ

□化石燃料	▶石油，石炭，天然ガスなど，大昔の生物の死がいが変化したもの。
□化石燃料を利用するときの課題	▶化石燃料には限りがある。化石燃料を燃やすと，硫黄酸化物や窒素酸化物などの大気汚染物質ができる。化石燃料を燃やすとき発生する二酸化炭素は，地球温暖化の原因になると考えられている。 → やってみよう
□再生可能エネルギー	▶太陽のエネルギーなど，いつまでも利用できるエネルギー。環境を汚す恐れが少ない。立地条件や発電効率などの課題も多いが研究・開発が進められており，利用も増えている。
□原子力の利用と課題	▶原子炉内の放射性物質が漏れると，土壌，農作物，水産物などを汚染し，人体に健康被害の出る恐れがある。また，使用済み核燃料の中には放射線を出し続ける物質が含まれるので，安全に管理する必要がある。

教科書 p.307 やってみよう

化石燃料の利用と課題について調べてみよう

化石燃料の利用と課題について，図書館や博物館，インターネットなどで調べる。

調べる項目の例

❶ 化石燃料を燃やしたときにできる二酸化硫黄や窒素酸化物は，どのような影響があるか。

❷ 悪影響を防ぐためにどのような工夫がされているか。

やってみようのまとめ

❶ 二酸化硫黄や窒素酸化物は，大気汚染の原因となり，自然環境や生物に影響を与える恐れがある。

❷ 二酸化硫黄は石油や石炭に含まれる硫黄分が酸化されてできるので，排煙から有害な物質をとり除く排煙脱硫装置を用いたり，原油から精製される重油などから硫黄分をとり除く技術をとり入れたりしている。

③ 放射線の性質

テーマ　放射線の種類と性質　放射線　被ばく

教科書のまとめ

□放射線の性質	▶次の性質がある。 ① 目に見えない。 ② 物体を通り抜(ぬ)ける性質(透過性(とうかせい))がある。 ③ 原子をイオンにする性質(電離作用)がある。
□放射線の種類	▶α(アルファ)線，β(ベータ)線，中性子線，X(エックス)線，γ(ガンマ)線などがある。 ① α線…ヘリウムの原子核。 ② β線…原子核から飛び出した電子。 ③ 中性子線…原子核から飛び出した中性子。 ④ X線…原子核の外から出た電磁波。 ⑤ γ線…原子核から出た電磁波。 放射線の種類によって透過性はちがう。α線が最も弱く，紙で止まる。β線は紙を透過するがアルミニウムなどのうすい金属板で止まる。うすい金属板を透過するX線とγ線は鉛(なまり)などの厚い板で弱まり，中性子線は鉛などの厚い板も透過する。
□放射線の単位	▶ベクレル，グレイ，シーベルトがよく使われる。 ① ベクレル(記号Bq)…放射性物質が放射線を出す能力(放射能)の大きさを表す。1 Bqは，放射性物質に含まれる原子が，1秒間に1個の割合で変化して放射線を出すときの放射能の強さ。 ② グレイ(記号Gy)…物質や人体が受けた放射線のエネルギーの大きさを表す。1 Gyは，放射線を受けた物質1 kgが1 Jのエネルギーを得たときの放射線の強さ。 ③ シーベルト(記号Sv)…放射線が人体に与える影響を表すときの単位。単位としてミリシーベルト(記号mSv)も用いられる。γ線やX線では，1 Svはほぼ1 Gy。1 mSv＝0.001Sv
□被(ひ)ばく	▶放射線を受けること。内部被ばくと外部被ばくがある。

	① 外部被ばく…宇宙や太陽，建物，地面，医療など，体外から放射線を受けること。 → やってみよう ② 内部被ばく…呼吸や食事などで体内にとり入れた放射性物質から放射線を受けること。 **知識** 放射線には原子をイオンにする能力があるため，DNAを変化させることがある。
□自然放射線と人工放射線	▶放射線には，自然界に存在する自然放射線と，人工的につくられる人工放射線がある。 自然放射線は，大気や食物，岩石に含まれる放射性物質から出るものや，宇宙からの放射線である。自然放射線の量は地域によって異なるが，日本では年間平均2.1mSv程度の自然放射線を受けている。 **参考** 自然放射線の量の世界の平均は約2.4mSv。

教科書 p.310

やってみよう

放射線量をはかってみよう

鉱物標本や身のまわりの物体，教室の中，校庭などの放射線量をはかってみる。

やってみようのまとめ

花崗岩(かこうがん)や食塩(岩塩)などからも放射線が出ていることがわかった。

教科書 p.311

Science Press　発展

放射性物質と半減期

放射性物質は，放射線を出すと他の物質に変わり，時間とともに減少していく。放射線を出す原子の数が半分になるまでの時間のことを半減期(はんげんき)という。

半減期は，放射性物質によって決まり，ウラン235は約7億年，セシウム137は約30年，ヨウ素131は約8日である。

④ いろいろな物質の利用

テーマ　プラスチック　金属の利用　新しい素材

教科書のまとめ

□繊維(せんい)の歴史 ▶天然繊維だけでなく，人工の繊維が開発・利用されている。

① 天然繊維…動物の毛や絹，綿や麻(あさ)などの植物でできた繊維。天然繊維の原料には，綿(ワタの種子)，麻，絹(カイコガのまゆ)，毛(羊毛)などがある。

② 人工の繊維…化学繊維ともいう。パルプなどの天然繊維(セルロース)を化学変化させた繊維(レーヨンなど)，主に石油を原料とした，ナイロン繊維やアクリル繊維，ポリエステル繊維など。用途(ようと)に合わせてさまざまな繊維が開発されている。

□プラスチック ▶石油などから人工的につくられた物質で，合成樹脂(じゅし)ともよばれる。プラスチックは，多くの炭素原子Cがつながった長い分子でできている。プラスチックは有機物であり，ガラスや金属に比べて密度が小さく，加熱すると燃えて二酸化炭素を発生する。また，種類によって性質が異なるので，用途に合わせて使い分けられている。

➔ やってみよう

① ポリエチレン(PE)…密度が小さいため水に浮く。水や薬品に強い。用途例：レジ袋

② ポリプロピレン(PP)…一般的なプラスチックで最も密度が小さい。100℃でも変形しない。用途例：弁当箱，ストロー

③ ポリ塩化ビニル(PVC)…燃えにくく，薬品に強い。用途例：水道管

④ ポリスチレン(PS)…軽い発泡材料(発泡ポリスチレン)にもなる。用途例：食器

⑤ ポリエチレンテレフタラート(PET)…うすい透明な容器をつくりやすい。用途例：ボトル

⑥ アクリル樹脂(PMMA)…厚い透明な板をつくりやすい。用途例：水槽

□プラスチックの長所と問題点	▶普通の環境で化学変化しにくく，種類によってさまざまな性質がある。そのため，飲料用の容器，食器，洗剤(せんざい)の容器，歯ブラシ，カード類，眼鏡のレンズ，筆記具，レジ袋など身のまわりにはプラスチック製品が多い。 　しかし，安定した性質による問題も生みやすい。海岸に集まった廃棄プラスチック製品は，景観を汚(きたな)くする。また，水中を漂ううちに細かくなった「マイクロプラスチック」を，魚や海鳥が食べて体の中にたまることによる，健康への影響も心配されている。
□金属の歴史	▶金属はかたくて光沢があるため，昔から使われてきた。多くの金属は酸素や硫黄と結びつきやすい。そのため，それらをとり除きやすい金属や，金，銀，銅などの単体で手に入れることができる金属が古くから使われてきた。鉄の生産は紀元前から行われている。
□現代の金属	▶鉄，銅，アルミニウム，チタン，マグネシウムなど，さまざまな金属が日用品などに使われ，私たちのくらしを支えている。また，20世紀後半から多く使われるようになってきた電子機器では，性能の高い部品に特殊な金属の化合物が使われている。スマートフォンやタブレット端末(たんまつ)には多くの金属元素が使われている。
□機能性高分子	▶特別な機能をもつ高分子。次のような種類がある。 ①　導電性高分子…電流を通す。 ②　感光性高分子…光が当たると性質が変わる。 ③　吸水性高分子…大量の水を保持できる。 ④　吸湿(きゅうしつ)発熱素材…汗(あせ)などの水分によって発熱することで保温に優(すぐ)れる。 ⑤　生分解性高分子…自然界で分解しやすい。 ⑥　人工血管用などの高分子…生体の組織とよくなじむ。
□炭素繊維	▶原油から分離した成分やアクリル繊維を高温で処理し，加工した繊維。密度が鉄の約$\frac{1}{4}$，引っ張り強度が鉄の10倍もあり，しなやかである。用途例：航空機の機体，釣りざお，テニスのラケット
□形状記憶合金	▶力をかけて変形させても，加熱または冷却(れいきゃく)することでもとの形に戻る合金。チタン・ニッケル合金，鉄・マンガン・アルミニウム合金などがある。用途例：温度センサー，眼鏡，火災報知器

やってみよう

プラスチックの性質のちがいを調べてみよう

❶ ポリエチレンとPETの小片(5 mm角程度)を用意する。⇨✖1

❷ ❶のプラスチックの小片を水に入れ，浮くかどうか調べる。

❸ 燃焼さじを使って，プラスチック片を加熱する。⇨✖2，3

アルミニウムはくを巻いた燃焼さじ

✖1 注意 プラスチックの種類によっては，燃やすと有害な物質が出ることがあるので，この実験では，ポリエチレンとPET以外のプラスチックは使わないようにする。

✖2 注意 換気を行い，保護眼鏡をかける。

✖3 注意 加熱したプラスチックが手などにつかないよう注意する。

やってみようのまとめ

❷ ポリエチレン(PE)は水に浮くが，ポリエチレンテレフタラート(PET)は沈む。

❸ ポリエチレン(PE)…燃える。

ポリエチレンテレフタラート(PET)…ポリエチレンと比べると燃えにくい。燃えるときにすすが出る。

単元6 2章

⑤ くらしを支える科学技術

テーマ　くらしと科学技術　　科学技術の課題と未来

教科書のまとめ

□すまいと科学技術
▶古代は主に草木や石でつくられていたが，19世紀にセメントが発明されてから住居が大きく変わった。近年は，地震の揺れに耐(た)えられる建築技術が発達し，被害を減少させている。また，太陽の光をとり入れやすくしたり，部屋の熱を逃げにくくしたりして，エネルギーの消費を減らす工夫がされている住宅も多い。

□食と科学技術
▶古代から，食物として植物や動物を得るためにさまざまな工夫が続けられてきた。20世紀のはじめに生まれた化学肥料は，作物の収量を上げ，増え続ける世界人口を支えてきた。また，農作物の品種改良により，従来よりも優れた品種がつくり出されている。近年は，遺伝子の研究が盛んになり，作物の特性をさらに改良する研究が続けられている。

□健康なくらしと科学技術
▶優れた医薬品の開発，診断(しんだん)や治療方法の改良などにより，健康で安全なくらしができるようになってきた。

かつては微生物が起こして他人に感染(かんせん)する病気は，死亡の大きな原因だったが，微生物の増殖(ぞうしょく)を妨(さまた)げる物質(抗生物質(こうせいぶっしつ))のはたらきが詳しく研究され，治療できるようになった。

X線や超音波(ちょうおんぱ)などを用いた装置により，体内を詳(くわ)しく調べることができるようになった。

せっけんに含まれる界面活性剤は，水にも油にもよくなじみ，油による汚れをとることができる。

□人やものを運ぶ科学技術
▶18～19世紀の産業革命で，石炭が燃焼するときに出る熱エネルギーを動力に変える技術が生まれた。ワットによる蒸気機関の改良をきっかけに，大量の人や品物を高速で運ぶ機械が次々と考案され，人間の活動がますます盛んになった。　→ やってみよう

① 産業革命前の輸送手段…馬車，帆船(はんせん)
② 近代の輸送手段…蒸気機関車，蒸気船
③ 現代の輸送手段…新幹線，飛行機，ハイブリッドカー

□情報を伝える科学技術	▶20世紀の中頃からコンピュータが発達し，大量の情報を高速で処理することができるようになった。また，20世紀の後半からは処理技術の革新と小型化が進み，ノートパソコンや携帯(けいたい)電話の利用が増え，インターネットを通じて情報の入手と伝達が容易になった。その一方で，誤った情報の拡散や，コンピュータウイルスなどによる被害の拡大などの問題が起こっている。
□資源の利用と科学技術	▶ハイブリッドカーの電池やモーターや携帯電話などに必要な希土(きど)類元素(レアアース)は，量が少なく，鉱石からとり出しにくい。そのため，リサイクルや他の材料を使うなど，天然資源を長くもたせる工夫が必要である。また，これまでに使われていない元素や物質を使うときには，人間の健康や動植物に悪い影響が出ないようにする必要がある。
□環境を守る科学技術	▶脱硫という技術により，排煙中の硫黄分はとり除けるようになった。現在の自動車には，排ガスを浄化(じょうか)する装置が装着されている。科学技術は，くらしを豊かにする一方，いろいろな課題が生じるため，こうした課題を克服(こくふく)する科学技術も研究されている。
□持続可能(じぞくかのう)な社会(しゃかい)と科学技術	▶くらしに必要なものやエネルギーを，現在そして将来の世代に渡って安定して手に入れることができる社会を持続可能な社会という。持続可能な社会にするためには，科学技術の役割は大きい。持続可能な社会をつくるために，私たちにもできることがある。

やってみよう

輸送手段の歴史やしくみを調べてみよう

鉄道や船，飛行機など，輸送手段の歴史やしくみを調べてみよう。博物館やインターネットなども活用しよう。

やってみようのまとめ

産業革命前には馬車や帆船であったが，近代になると，蒸気機関による蒸気機関車や蒸気船が開発された。現代は，新幹線や飛行機などの大量に高速で運ぶ輸送手段が次々と考案されている。

単元6 地球の明るい未来のために

終章 これからの私たちのくらし

① 持続可能な社会にする方法 ② 未来へつながる

テーマ 持続可能な社会　地球の未来のために

教科書のまとめ

□地球の未来のために	▶生態系を維持しながら人間の社会が持続される必要がある。
□持続可能な社会をつくるために	▶持続可能な社会を構築するためには，生態系の成り立ちを理解し，自然を保護することが重要であり，科学技術はそのためにも使える。 **知識** 国連では，2030年までに達成すべき17の目標を定めている。これは，SDGs(持続可能な開発目標)とよばれている。

教科書 p.326

やってみよう

環境や科学技術について調べ，持続可能な社会をつくる方法を考えよう

調べるテーマの例

❶ 環境を保全する技術

❷ 災害を防いだり，減らしたりする技術

❸ 医療技術の利用や発展

例 免疫療法(めんえきりょうほう)や再生医療などの先端医学技術

❹ 省エネルギーに役に立つといわれる技術や材料について，そのしくみと今後の課題

例 燃料電池自動車や電気自動車など

ガス・コージェネレーションシステム

電気をためる技術

❺ 新素材について，性質と用途など

❻ いろいろなもののリサイクルのようすと私たちにできること

❼ すんでいる都市で実施(じっし)されている環境やエネルギーに対するとり組み

やってみようのまとめ

❶ 準好気性埋立構造(福岡方式)は，環境に配慮した埋め立て方法である。

❷ 地震の揺れを吸収するゴムを使った建築技術。

❸ 再生医療への応用が期待されているiPS細胞。脳死と臓器移植，人工授精や体外受精，カプセル内視鏡など。

❹ 燃料電池自動車…水素と酸素の化学変化でつくられた電気エネルギーを利用するため，排出されるのは水だけである。動力源の水素は水素ステーションでとり入れる。

電気自動車…バッテリーに充電した電気を利用して走る。二酸化炭素や有害なガスなどは出さない。充電スタンドで充電する。

ガス・コージェネレーションシステム…天然ガスを燃やして発電する際に発生する熱を，ビルの温水や暖房などに利用し，エネルギーの変換効率を高めるしくみ。

❺ ステンレス合金…鉄，クロム，ニッケルを合わせた合金。丈夫でさびにくいという特徴があり，家庭用調理器具などに使用されている。

その他，形状記憶合金，発光ダイオード，有機EL，光触媒，分解性プラスチックなど。

❻ 品目ごとのリサイクルが行われているのは，古紙，ガラスびん，アルミ缶，スチール缶，プラスチック，ペットボトル。

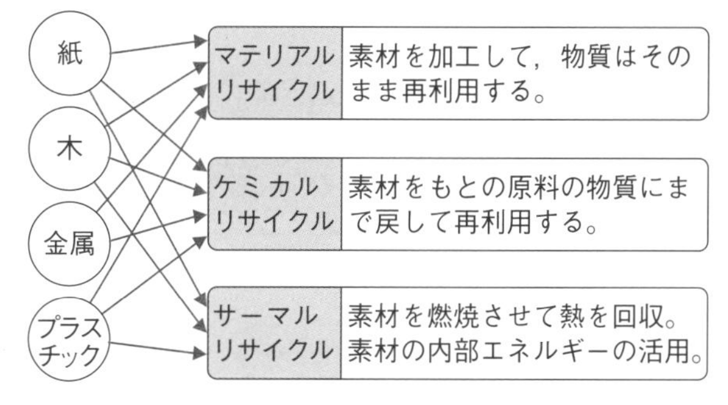

リサイクルの形態には，材料の物質をそのまま再利用する方法，材料の物質をもとの原料の物質にまで戻して再利用する方法，廃棄物を焼却する際に発生する熱エネルギーを利用する方法がある。

リサイクルを進め，資源の節約，廃棄物の量の低減，環境への負荷を減らすことが必要である。

❼ ビルの屋上の緑化など。太陽光発電，LED電球，断熱材などの使用など。

単元末問題

1 自然環境の変化

次の問いに答えなさい。

①近年，地球の気温が上昇している。この現象を何というか。

②ある地域では，もともとそこにすんでいなかったブルーギルなどの魚が増えて，従来すんでいた生物の数が激減してしまった。このように，もともと生息していなかった地域に，人間の活動によって持ちこまれて定着した生物を何というか。

解答
①地球温暖化
②外来種

考え方 ①地球温暖化により，海水面の上昇や地域的な雨の降り方の変化など，地球規模の環境変化が起こると予想されている。
②ブルーギルは北アメリカ大陸原産の外来種で，日本各地の池などに見られる。

2 身近な自然環境の調査

次の問いに答えなさい。

①ある川の水生生物を調べていたら，サワガニが見つかった。この川の水の汚れの程度はどのくらいであると考えられるか。次のア～エより選びなさい。

ア きれいな水
イ 少しきたない水
ウ きたない水
エ たいへんきたない水

②マツの気孔の調査を2か所で行ったところ，次のA，Bのような結果になった。どちらの地点の方が空気が汚れていると考えられるか。

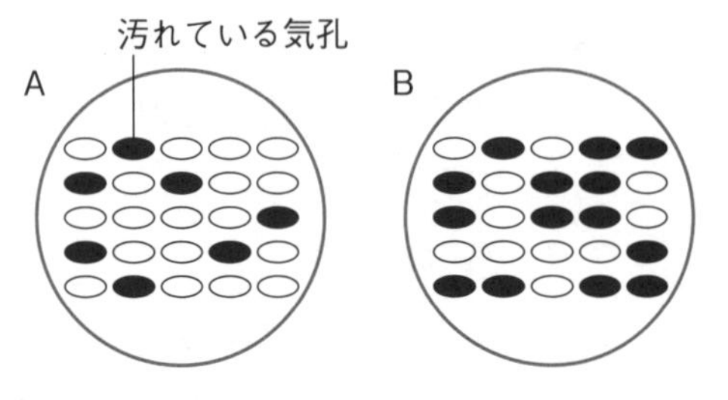

解答
①ア
②B

考え方 ①サワガニは，水の汚れの程度を調べる手掛かりとなる指標生物で，水のきれいな場所に生息する節足動物である。
②マツの気孔には，空気中のすすやほこりが付着しやすいので，空気の汚れを調べることができる。Bの方が，黒く汚れている気孔の数が多い。

3 地域の自然災害

次の問いに答えなさい。

①気象災害の例を2つあげなさい。

②火山の噴火によって起こる恐れのある災害の例を2つあげなさい。

③緊急地震速報は，P波とS波の速さのちがいを利用している。地震が発生したとき，先に届くのはどちらの波か。

解答 ①(例)台風，集中豪雨，竜巻，豪雪
②(例)火山弾などの衝突，火山灰による農作物や交通への影響，有毒な火山ガスの発生
③P波

考え方 ①日本列島は大陸性と海洋性の気団の影響を強く受けるため，地域や季節によって，さまざまな災害が起こる。
②火山弾，火山灰，火山ガスなどの火山噴出物によって，大きな被害が起こる。
③緊急地震速報は，地震計がとらえたP波から気象庁が地震の規模などを予測して発表し，S波への警戒を促している。

4 エネルギー資源とその利用

次の問いに答えなさい。
①化石燃料の例を2つあげなさい。
②火力発電の発電のしくみについて，簡単に説明しなさい。
③次のア～エの文章で，正しいものを全て選び，記号で答えなさい。
ア化石燃料は無限にある。
イ原子力発電に使うウランは有限である。
ウ化石燃料を燃やしてエネルギーを得るときに，有害な物質は生じない。
エ原子力発電では，放射性物質を安全に管理することが大切になる。
④次のア～エの文章で，放射線の説明として正しくないものを選びなさい。
ア放射線には，α線とβ線の2つしかない。
イ放射線は目に見えない。
ウ放射線は物体を通り抜ける性質がある。
エ放射線が人体に与える影響を表す単位はSvである。
⑤再生可能エネルギーを利用した発電でないものを，次のア～エより選びなさい。
ア太陽光発電
イ風力発電
ウ地熱発電
エ原子力発電

解答 ①(例)石油，石炭，天然ガス
②石油，石炭，天然ガスなどを燃やして高温の水蒸気をつくり，発電機を回す。
③イ，エ
④ア
⑤エ

考え方 ①石油，石炭，天然ガスなどは大昔の生物の死がいが，地中で長い年月の間に変化してできたものと考えられているので，化石燃料とよばれている。
②火力発電は，石油などの化学エネルギー→熱エネルギー→電気エネルギーとエネルギーが変換される。
③火力発電は，大きな電気エネルギーを得られ，出力をコントロールしやすい。しかし，化石燃料には限りがあり，大気を汚染する物質や二酸化炭素を多く排出するという短所がある。原子力発電は少量の燃料で大きなエネルギーがとり出せるが，燃料となるウランには限りがある。また，使用済みの核燃料には，放射線を出し続ける物質が含まれており，安全に管理する必要がある。

④放射線には，α線，β線の他に，中性子線，X線，γ線などがある。放射線の種類によって，透過性にちがいがある。
⑤再生可能エネルギーは，太陽のエネルギーなどのように，いつまでも利用できるエネルギーのことである。これに対して，有限な化石燃料やウランの生み出すエネルギーは枯渇(こかつ)性エネルギーともよばれる。

5 くらしを支える科学技術

次の問いに答えなさい。

①絹，麻，綿の中で，植物が原料でないものはどれか。
②次のア～エの中で，プラスチックでないものはどれか。
アポリエチレン
イPET
ウステンレス
エポリスチレン
③産業革命では，改良された蒸気機関のおかげで，大きな動力を得ることができるようになった。この蒸気機関の改良に貢献した，仕事率の単位の由来になった人物は誰か。
④くらしに必要なものやエネルギーを，現在そして将来の世代にわたって安定して手に入れることができる社会を何というか。

解答
①絹
②ウ
③ワット
④持続可能な社会

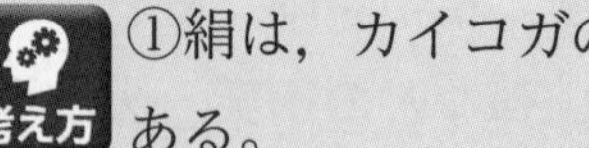
考え方 ①絹は，カイコガのまゆが原料である。
②プラスチックは，多くの炭素原子がつながった長い分子でできている。ステンレスは，鉄にクロムとニッケルを混ぜた合金である。
③18世紀後半にイギリスのワットが改良した蒸気機関を使った蒸気機関車や蒸気船が開発されると，大量の人や品物を短時間で運べるようになった。
④持続可能な社会を構築するためには，資源やエネルギーの消費を抑えたり，効率的に消費したり，環境や生態系を維持しながら開発をしたりする必要がある。

読解力問題

❶ 世界の発電の状況

①中国

②中国

③アメリカ

④83％

⑤オ

考え方 ①各国の発電電力量のグラフから，中国が最も大きい値を示している。

②各国の発電電力量の割合のグラフから，中国の水力発電の割合は19％で最も大きい。

③「各国の発電電力量×各国の原子力による発電電力量の割合」を計算し，最も値の大きい国を選ぶ。

日本…10.4×0.01=0.104　中国…58.4×0.03=1.752

イタリア…2.8×０=０　ドイツ…6.4×0.14=0.896

フランス…5.6×0.78=4.368　アメリカ…43.0×0.19=8.17

④石炭と石油と天然ガスによる発電電力量の割合の合計は，33+10+40＝83〔％〕

⑤日本の火力による発電電力量の割合は83％，天然ガスによる発電電力量の割合は40％なので，火力発電全体のうち，天然ガスの占める割合は，$\frac{40}{83}$×100＝48.192…〔％〕

❷ 家庭で使うエネルギーの量

①3600J

②3.6MJ

③900MJ

④1350MJ

⑤18.75MJ

①熱量〔J〕＝１W×3600s=3600J

②熱量〔J〕＝1000W×3600s＝3600000J　3600000J=3.6MJ

③熱量〔MJ〕＝250kWh×3.6MJ/kWh＝900MJ

④30m^3×45MJ/m^3=1350MJ

⑤(900MJ+1350MJ)÷30÷４=18.75MJ

単元6

テスト対策問題 解答

単元1 運動とエネルギー

p.12 1章 力の合成と分解

1 (1)①6N ②2N ③0N

(2)①ア ②ア ③ウ

2 (1)右図

6.0N

(2)合力

(3)小さくなる。

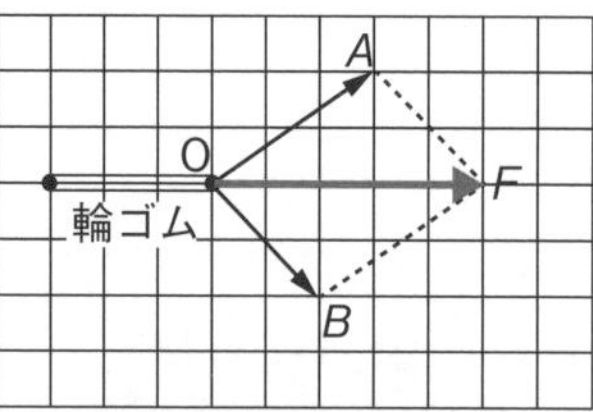

3 (1)

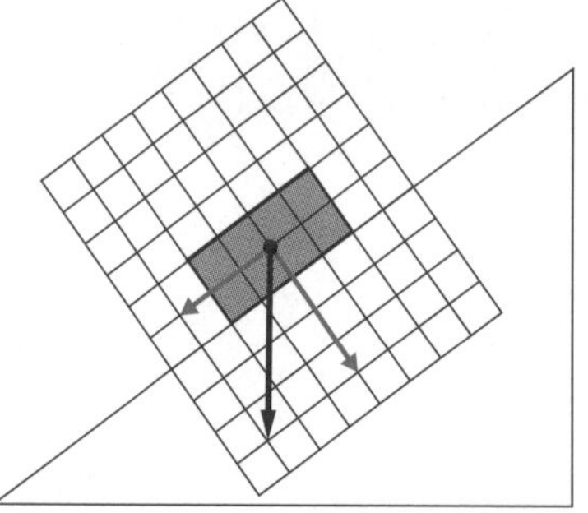

(2)斜面に平行な分力…6N

斜面に垂直な分力…8N

解説

1 (1), (2)①向きが同じなので，力の向きは，力A，力Bと同じで，合力の大きさは，4N＋2N＝6N

②向きが反対で大きさがちがうので，力の向きは大きい方の力Aと同じになり，合力の大きさは，4N－2N＝2N

③向きが反対で大きさが同じなので，力Aと力Bはつり合って物体は静止し，合力の大きさは，4N－4N＝0N

2 (1), (2)力Aと力Bの矢印を2辺とした平行四辺形の対角線が合力Fの矢印になる。力Fは5目盛りなので，1.2N×5＝6.0N

(3)向きがちがう2つの力の合力は，2つの力の角度が大きくなるほど，小さくなる。

3 (1)重力の矢印が長方形の対角線になるように，斜面に平行な方向と斜面に垂直な方向に分解する。

(2)斜面に平行な分力は3目盛りなので，2N×3＝6N 斜面に垂直な分力は4目盛りなので，2N×4＝8N

p.28 3章 物体の運動

1 (1)①ウ ②ア (2)40cm/s

(3)等速直線運動 (4)①㋐ ②㋑

2 (1)慣性

(2)①壁 ②等しい。(同じ。)

③反作用

解説

1 (1)同じ斜面上では，台車が進行方向に受ける力の大きさはどの位置でも同じになる。一定の大きさの力を受け続ける台車の速さは，一定の割合で増えていく。

(2)記録タイマーは1秒間に50回打点するので，テープを区切った5打点する時間は，

$\frac{1}{50}\mathrm{s}\times5=\frac{1}{10}\mathrm{s}=0.1\mathrm{s}$である。つまり，各テープの長さは0.1秒間の台車の移動距離である。よって，斜面を下り始めてから0.4秒後までがA～Dのテープで，0.4秒後～0.5秒後の間はEのテープになる。Eのテープのときの台車の平均の速さは，

$\frac{4.0\mathrm{cm}}{0.1\mathrm{s}}=40\mathrm{cm/s}$

2 (1)物体がそれまでの運動を続けようとする性質を慣性という。

(2)まさとさんが壁を押したので，まさとさんは壁から力を受ける。このように，2つの物体の間で対になってはたらく力の関係を作用と反作用という。まさとさんが壁を押す力を作用とすると，まさとさんが壁から受ける力が反作用である。作用と反作用の力の大きさは等しく，向きは反対である。

p.44 4章　仕事とエネルギー

1 (1)1.2 J　(2)0.6W

2 (1)2.5N　(2)①60　②1.5

3 (1)C　(2)運動エネルギー

4 ①電気エネルギー　②熱エネルギー
③光エネルギー

解説

1 (1)水平な机と物体の間に加わる摩擦力の大きさは，ばねばかりが示す1.5Nなので，
1.5N×0.8m=1.2J

(2)仕事率〔W〕$=\dfrac{仕事〔J〕}{仕事に要した時間〔s〕}$

$=\dfrac{1.2J}{2\,s}=0.6W$

2 (1)動滑車を１つ使って引き上げるとき，力の大きさは半分になる。
(2)おもりを30cm引き上げたので，糸を引く距離は60cmである。手がおもりにした仕事は，2.5N×0.6m＝1.5J

3 (1)おもりの位置が最下点のとき，位置エネルギーは全て運動エネルギーに移り変わっている。
(2)おもりのもつ力学的エネルギーの大きさを３とすると，Aでの位置エネルギーは３で，Bでの位置エネルギーは１，運動エネルギーは２になっている。

4 白熱電球では多くの熱が発生しているため，表面温度が高くなっている。

単元２ 生命のつながり

p.64 1章　生物の成長とふえ方

1 (1)細胞と細胞を離れやすくするため。
(2)㋐
(3)①A→F→C→E→B→D　②染色体
③遺伝子

2 (1)花粉管　(2)減数分裂
(3)①胚　②種子

3 (1)有性生殖　(2)D→C→E→B→A
(3)発生

解説

1 (1)うすい塩酸に入れると，細胞壁どうしを結びつけている物質がとけ，一つ一つの細胞が離れやすくなる。
(2)細胞分裂は，根の先端部分で盛んに起こっている。
(3)①②細胞分裂が始まると，核の中に染色体が見えてくる(F)→染色体が細胞の中央に集まる(C)→染色体が分かれて，細胞の両端に移動する(E)→細胞の中央に仕切りができ始める(B)→細胞質が２つに分かれ，２つの細胞になる(D)。
③染色体には，生物のいろいろな特徴(形質)を表すもとになる遺伝子が存在する。

2 (1)めしべの柱頭に花粉がつくと，花粉管が胚珠に向かってのびていく。
(2)染色体の数が半分になる減数分裂によってつくられた精細胞と卵細胞が受精すると，染色体の数がもとに戻る。
(3)受精してできた受精卵は細胞分裂をして胚に，胚珠全体は種子に，子房全体は果実になる。

3 (1)生殖細胞の受精によって新しい個体がつくられる生殖を有性生殖，体細胞分裂によって新しい個体がつくられる生殖を無性生殖という。
(2)受精卵ができる(D)→細胞分裂が始まる(C)→細胞の数がふえる(E)→体の形ができてくる(B)→ふ化しておたまじゃくしになる(A)。

p.69 2章　遺伝の規則性と遺伝子

1 (1)丸…顕性の形質　しわ…潜性の形質
(2)①a　②Aa　③aa
(3)DNA　(4)イ

2 (1)①　②　(2)イ

解説

1 (2)実験1でできた丸い種子(子)の遺伝子の組み合わせはAaなので，生殖細胞の遺伝子はAとaになる。右の図で，㋐と㋑が受精してできた孫の㋓の遺伝子の組み合わせはAAなので，㋐と㋑の遺伝子はAとわかる。したがって，①と㋒の遺伝子はaになるので，㋐と㋒が受精してできた孫の②の遺伝子の組み合わせはAa，①と㋒が受精してできた孫の③の遺伝子の組み合わせはaaとわかる。

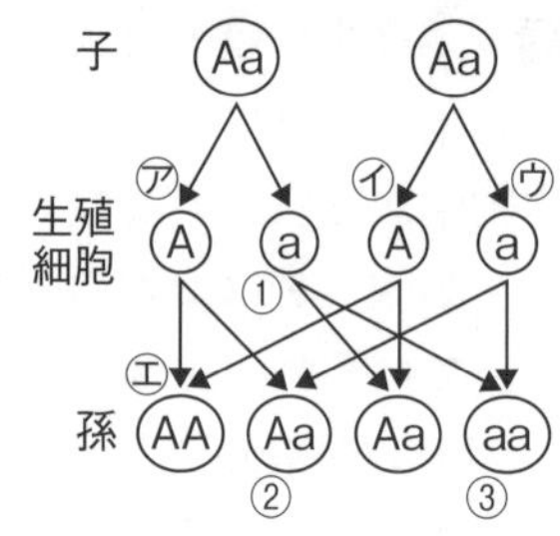

(3)遺伝子の本体はデオキシリボ核酸という物質で，英語名の略称がDNAである。

(4)孫の代では丸：しわ＝3：1になることから，6000÷3＝2000〔個〕

2 (1)①生殖細胞の精細胞は減数分裂によってつくられるので，染色体の数は半分になる。

②種子Cは受精してできたので，エンドウAとBのそれぞれの染色体を半分ずつ受け継ぐ。

(2)遺伝子は染色体に存在するので，細胞分裂によって染色体とともに移動する。

p.74 3章 生物の種類の多様性と進化

1 (1)①外形…翼 はたらき…飛ぶ。
②外形…胸びれ はたらき…泳ぐ。
(2)相同器官 (3)痕跡器官
(4)ウ，オ

2 (1)シソチョウ(始祖鳥) (2)鳥類
(3)は虫類 (4)は虫類と鳥類
(5)陸上 (6)進化

解説

1 (1)カエルとワニの前あしは歩く，スズメとコウモリの前あしは飛ぶ，クジラの前あしは泳ぐ，ヒトの前あしは物をつかむのに適した外形になっている。

2 (5)動物も植物も，水中の生活に適したものから陸上の生活に適したものに進化してきた。

単元4 化学変化とイオン

p.112 1章 水溶液とイオン
2章 化学変化と電池

1 (1)①陽イオン ②陰イオン ③電離
④電解質
(2)水素 (3)水に溶けやすい性質
(4)$2HCl \longrightarrow H_2 + Cl_2$

2 ①陽子 ②中性子 ③電子

3 (1)ウ (2)$Cu^{2+} + 2e^- \longrightarrow Cu$

解説

1 (1)塩酸の溶質である塩化水素は，次のように電離する。

$HCl \longrightarrow H^+ + Cl^-$
(塩化水素) (水素イオン) (塩化物イオン)

(2)陰極では，陽イオンの水素イオンが電子を受けとって水素原子になり，水素原子が2個結びついて水素分子になるので，水素が発生する。陽極では，陰イオンの塩化物イオンが電子を渡して塩素原子になり，塩素原子が2個結びついて塩素分子になるので，塩素が発生する。

(3)塩素は，水に溶けやすく，脱色作用がある気体である。

2 ヘリウム原子の構造は，右の図のようになる。中心の原子核には，＋の電気をもつ陽子と電気をもたない中性子がある。原子核のまわりには，－の電気をもつ電子がある。陽子の数と電子の数は同じなので，

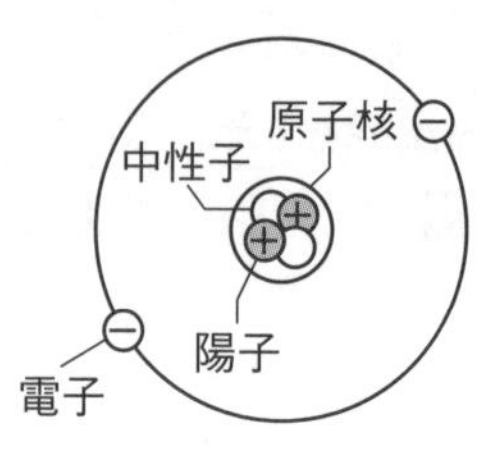

原子全体は電気を帯びていない。

3 ダニエル電池では，亜鉛原子が電子を放出して亜鉛イオンになる。電子は導線を通って銅板側へ移動し，銅板で銅イオンに受けとられる。電子を受けとった銅イオンは，銅原子となり銅板に付着する。

p.121 3章 酸・アルカリとイオン

1 (1)ウ (2)水酸化物イオン
(3)H_2 (4)C，D

2 (1)ア (2)黄色 (3)H^+
(4)中和 (5)塩
(6)$HCl+NaOH \longrightarrow NaCl+H_2O$

解説

1 (1)実験1で，青色リトマス紙を赤に変えたAは酸性，赤色リトマス紙を青に変えたB，C，Dはアルカリ性，どちらのリトマス紙も変化させなかったEは中性である。
(2)アルカリ性を示すのは，水酸化物イオンOH^-がある水溶液である。
(3)酸性の水溶液にマグネシウムや亜鉛などの金属を入れると，水素が発生する。
(4)実験1より，Aはうすい塩酸，Eは食塩水で，刺激臭があったBはアンモニア水とわかる。したがって，CとDは石灰水，うすい水酸化ナトリウム水溶液のどちらかである。

2 (1)pH＝7が中性で，7より小さいほど酸性が強く，7より大きいほどアルカリ性が強い。
(2)BTB液は，酸性で黄色，中性で緑色，アルカリ性で青色になる指示薬である。
(3)酸性を示すのは，水素イオンH^+がある水溶液である。
(4)，(5)酸とアルカリから水と塩ができる化学変化を中和という。
水は，酸の水素イオンとアルカリの水酸化物イオンが結びついてできる。
$H^+ + OH^- \longrightarrow H_2O$
塩は，酸の陰イオンとアルカリの陽イオンが結びついてできる物質である。
(6)塩酸と水酸化ナトリウム水溶液の中和によってできる塩は，塩化ナトリウムNaClである。

単元5 地球と宇宙

p.139 1章 天体の動き

1 (1)A…西 B…北 C…南 D…東
(2)B…ア C…イ
(3)1時間 (4)北極星
(5)①日周運動 ②地軸 ③自転

2 (1)自転の向き…a 公転の向き…c
(2)黄道 (3)しし座 (4)C

解説

1 (2)，(4)北の空の星は，北極星をほぼ中心に反時計回りに動いて見える。南の空の星は，東から西に動いて見える。
(3)，(5)太陽や星の日周運動は，地球の自転によって起こる見かけの運動なので，1時間に15°(360°÷24時間)ずつ動く。

2 (1)自転の向きと公転の向きは同じ向きで，北極側から見て反時計回りである。
(3)Aの位置の地球から見て，太陽と反対の方向にある星座は，日の入りの頃に東からのぼり，真夜中に南中し，日の出の頃に西に沈む。
(4)星座が同じ位置に見える時刻は，1か月に約2時間ずつ早くなる。地球がDの位置にあるとき，さそり座は真夜中に南の空に見えるので，真夜中より約6時間前の日の入りの頃に南の空に見えるのは，Dの位置から3か月後のCの位置のときである。

p.149 2章　月と惑星の運動

1 (1)Z
(2)南中高度が高いから。
昼の時間が長いから。

2 (1)公転　(2)A　(3)ウ
(4)①満月　②新月

3 (1)西の空　(2)c
(3)見ることができない。
(4)金星が地球の公転軌道よりも内側を公転しているから。

解説

1 (1)夏至の日は日の出・日の入りの位置が真東・真西から北寄りになり，南中高度も高くなる。
(2)太陽の高度が高い方が，同じ受光面に当たる光の量が多い。そのため，太陽の南中高度が高く，昼の長さが長い夏は，地面を照らす太陽の光の量が多くなり，気温が高くなる。

2 (2)，(3)図2の半月(上弦の月)に見える月の位置は，地球から見て月の右側半分に太陽光が当たっているAのときで，夕方に南中し，真夜中に西に沈む。
(4)月食は，月・地球・太陽の順に並ぶ満月のときに，月が地球の影に入ると起こる現象である。日食は，地球・月・太陽の順に並ぶ新月のときに，太陽が月に隠されると起こる現象である。

3 (1)地球より内側を公転している金星は，夕方の西の空か，明け方の東の空にだけ見ることができる。
(2)金星は，地球から見て太陽の左側のa，b，cの位置にあるとき，夕方の西の空に見え，地球との距離が近いときほど大きく欠けた三日月形に見える。
(3)，(4)金星は，地球より内側を公転しているため，いつも太陽に近い方向にある。そのため，真夜中には見ることができない。

p.158 3章　宇宙の中の地球

1 (1)恒星
(2)黒点
(3)まわりよりも温度が低いから。
(4)3.3倍
(5)ウ
(6)目をいためる危険があるから。

2 (1)長くなる。
(2)質量…小さい。
密度…大きい。
(3)水星，金星，地球，火星
(4)小惑星

解説

1 (3)黒点の温度は約4000℃，まわりは約6000℃なので，まわりより暗く(黒く)見える。
(4)黒点Xの直径が地球の直径のx倍とすると，太陽の直径は地球の直径の109倍だから，
10cm：0.3cm＝109：x
x＝3.27　より，3.3倍
(5)観察している天体が望遠鏡の視野からずれていくのは，地球が自転しているからである。太陽の表面にある黒点の位置が変わるのは，太陽が自転しているからである。

2 (2)，(3)地球型惑星(水星，金星，地球，火星)は，木星型惑星(木星，土星，天王星，海王星)に比べて，質量は小さいが，密度は大きい。

6 5 4 3 2 1
D C B A